水平和竖向地震动记录
联合选取方法研究

王晓磊　阎卫东　赵紫旭　王浠铭　著

中国建筑工业出版社

图书在版编目（CIP）数据

水平和竖向地震动记录联合选取方法研究／王晓磊
等著. — 北京：中国建筑工业出版社，2024.1
ISBN 978-7-112-29606-4

Ⅰ. ①水… Ⅱ. ①王… Ⅲ. ①地震记录-研究 Ⅳ.
①P316

中国国家版本馆 CIP 数据核字（2024）第 019251 号

　　本书以水平和竖向地震动联合选取为研究内容，以美国太平洋地震工程中心地震动记录为数据基础，开发了竖向和竖向地震动强度参数相关性模型，验证了竖向和竖向地震动强度参数联合分布假设，开发了水平和竖向地震动强度参数相关性模型，验证了水平和竖向地震动强度参数联合分布假设，提出了基于水平和竖向条件谱的水平和竖向地震动记录选取方法，提出了基于水平和竖向广义条件强度参数的水平和竖向地震动记录选取方法，主要内容包括：绪论、水平向地震动强度参数间经验相关性分析、水平和竖向地震动谱型参数相关性分析、水平和竖向地震动谱型参数联合分布验证、水平和竖向地震动强度参数间经验相关性分析、水平和竖向地震动向量型危险性与条件谱生成、基于向量型条件谱的水平和竖向地震动记录选取方法研究、基于广义条件强度参数的水平和竖向地震动联合选取、结论与展望。

责任编辑：杨　杰
责任校对：党　蕾
校对整理：董　楠

水平和竖向地震动记录
联合选取方法研究

王晓磊　阎卫东　赵紫旭　王浠铭　著

*
中国建筑工业出版社出版、发行（北京海淀三里河路9号）
各地新华书店、建筑书店经销
北京鸿文瀚海文化传媒有限公司制版
北京中科印刷有限公司印刷
*
开本：787毫米×960毫米　1/16　印张：9¾　字数：195千字
2024年1月第一版　2024年1月第一次印刷
定价：78.00元
ISBN 978-7-112-29606-4
（42043）

前　　言

在地震作用下，工程结构的损坏主要是由地震动的水平分量引起的，因此工程抗震领域早期将水平向地震动作为地震危险性评估和地震动选取的研究重点。然而，近年来研究表明，竖向地震动对公路桥梁、超高层和大跨空间等重要工程结构影响较大，甚至竖向地震动的破坏能力在短周期范围或浅源场地内超过了水平向。因此，如何合理地考虑竖向地震作用是工程结构抗震分析中的关键问题之一。针对竖向地震动的选取方法主要以反应谱作为选取目标，缺少对竖向地震动其他特性的考虑，水平和竖向地震动联合选取相关研究也较为缺乏。为此，本书以水平和竖向地震动联合选取为研究内容，以美国太平洋地震工程中心地震动记录为数据基础，开发了竖向和竖向地震动强度参数相关性模型，验证了竖向和竖向地震动强度参数联合分布假设，开发了水平和竖向地震动强度参数相关性模型，验证了水平和竖向地震动强度参数联合分布假设，提出了基于水平和竖向条件谱的水平和竖向地震动记录选取方法，提出了基于水平和竖向广义条件强度参数的水平和竖向地震动记录选取方法，主要研究内容如下：

（1）基于 PEER NGA-West2 数据库筛选出 70 个地震事件的 2073 组水平和竖向地震动记录，讨论该地震动记录集的分布。结果表明：接近半数地震动记录的加速度峰值比 $a_\mathrm{V}/a_\mathrm{H}$ 超过了 0.65，其中较大值集中出现在震级 $M_\mathrm{w}6.0\sim7.5$、断层距 $R_\mathrm{rup}<40\mathrm{km}$、C、D 两类场地内。

（2）基于水平向地震动记录，研究了水平-水平 IM 间的经验相关性及其不确定性；基于 Sa（T）的地震动预测方程，开发了 EPA、EPV、EPD 的间接预测方程，检验该预测方程的对数正态分布假设。结果表明：频谱 IM 之间的相关性取决于其定义周期范围，振幅 IM 与其他 IM 之间的相关性与 IM 所代表的频率有关，累积效应 IM 和频谱 IM 之间的相关系数随着定义周期的增长而减小，显著持时 IM 与其他 IM 之间呈弱相关或负相关。

（3）水平和竖向地震动谱型参数的相关性分析方面：基于 NGA-West2 地震动数据库，采用 CB14-BC16 水平和竖向地震动预测方程，计算了竖向地震动及水平和竖向地震动谱型参数的相关性系数，并将其与参数化相关系数模型进行比较，研究发现，不同地震动预测方程计算的相关系数模型对所选择的地震动预测方程不敏感，进一步扩展了参数化相关系数模型的适用范围。

（4）水平和竖向地震动谱型参数联合分布验证方面：基于一种定性方法和一

3

系列定量方法，对水平和竖向地震动谱型参数进行验证，验证结果表明，竖向地震动及水平和竖向地震动谱型参数均服从多元正态联合分布。

（5）基于水平和竖向地震动记录，研究了水平-竖向、竖向-竖向 IM 的经验相关性及其不确定性，对水平-竖向、竖向-竖向 IM 间的多元对数正态分布假设进行验证，基于连续分段函数的形式，建立了相关系数预测模型。结果表明：不同方向的同种 IM 之间存在中等相关性，并且相关性随着定义周期的增长而减小；两种情况的相关系数 $IM_{i,H}\text{-}IM_{j,V}$ 和 $IM_{i,V}\text{-}IM_{j,H}$ 具有大致相同的趋势，但后者略高于前者；水平和竖向地震动 IM 近似遵循多元正态分布；水平和竖向 IM 相关系数对地震学参数没有很强的潜在依赖性；竖向-竖向 IM 相关系数情况与水平-水平十分相似。

（6）水平和竖向地震动向量型概率危险性分析与条件谱生成方面：基于相关性模型和联合分布模型，提出了水平和竖向地震动向量型危险性分析和条件谱的理论公式，并结合理论公式，针对中国华南某核电厂厂址给出了具体算例分析。

（7）基于多目标优化的水平和竖向地震动记录选取研究方面：基于贪心优化算法选取了水平和竖向地震动记录，选取的地震记录同时匹配了水平和竖向条件谱的平均值和标准差，最后计算了选取的地震动记录危险性，并与水平和竖向地震动向量型危险性分析结果进行了验证，验证结果表明，所选地震动记录具有危险一致性。

（8）基于广义条件强度参数和水平-水平、水平-竖向 IM 相关系数模型，提出了水平和竖向地震动的联合选取方法，并与传统选取方法进行对比，讨论其合理性。结果表明：本书提出的水平和竖向地震动联合选取方法能够合理地考虑竖向地震动特性。

本书由沈阳建筑大学王晓磊、阎卫东、赵紫旭和王浠铭所著，得到了国家自然科学基金（51908379）的大力支持，写作中还参阅、引用了国内外相关文献资料，作者一并表示感谢！本书可作为土木工程专业、结构工程专业和地震工程专业学习地震动选取和抗震分析课程的参考用书，也可供工程结构抗震领域研究与设计人员参考。

由于作者水平有限，书中难免存在不足之处，敬请读者批评指正。

笔者

2023 年 9 月 15 日

沈阳

目　　录

第1章 绪 论

1.1 研究背景与研究意义

1.1.1 课题来源

本课题获得国家自然科学青年基金项目"考虑谱型相关性的水平和竖向地震动向量型危险性与条件谱及其应用研究"（51908379）的支持。

1.1.2 研究背景

长期以来，由于地震事件的巨大破坏性和不可预见性，抗震分析已成为工程结构设计中必要的一环。同时，随着城市化和现代化的逐渐普及，超高层和大跨空间结构等对地震作用敏感的结构也逐渐增多，要求工程抗震分析应该更加精细化与安全化。地震动可分为水平向地震动和竖向地震动，工程抗震领域早期认为，地震作用下建筑结构的损伤主要是由水平向地震动引起的。然而随着抗震设计标准的提高与大烈度地震灾害的出现，研究人员开始重视竖向地震动对结构的影响[1]。近年来的一些地震事件中，竖向地震动展现出巨大破坏能力：1995 年，在 7.3 级日本阪神地震[2] 中，竖向地震作用导致高速公路的桥墩中部发生膨胀、断裂等情况，许多建筑住宅的楼体、简支梁中部也发生了断裂破坏；在 2011 年发生的 Christchurch 地震[3] 中，竖向地震作用导致桥墩的横向钢筋发生了断裂，纵向钢筋向外对称屈曲，核心混凝土解体，同时桥墩的轴向产生了缩短以及弯曲帽处开裂等现象。两次地震灾害如图 1.1 所示。

我国对竖向地震作用的考虑主要采用《建筑抗震设计规范》GB 50011—2010（2016 年版）中 5.1.1 节第四条规定："8、9 度时的大跨度和长悬臂结构及 9 度时的高层建筑应考虑竖向地震动作用，竖向地震动影响系数的最大值可取水平向地震动影响系数最大值的 65%"，然而在一些大震级地震事件中[4~9]，竖向与水平向地震作用的比值超过了"65%"这个数值，甚至竖向地震作用超过水平向。因此，仍然以"65%"来考虑竖向地震作用可能导致不安全。另外，竖向地震作用也可能对特定的工程结构造成较大影响，例如大坝[10]、公路桥梁[11] 和核电站[12] 等关键结构。如何合理地考虑竖向地震动是目前工程抗震分析与结构安全性评价中关键问题之一。

(a) 1995年日本阪神地震　　　　　　　　　　　(b) 2011年Christchurch地震

图 1.1　竖向地震动灾害

地震动谱型参数是地震工程研究中非常重要的参数之一，可以描述地震动反应谱的形状，同时也是结构反应的重要预测参数[13]。通常，未来地震的发生位置、大小和由此产生的震动强度有很大的不确定性，概率地震危险性分析（Probabilistic Seismic Hazard Analysis，PSHA）旨在量化这些不确定性，并将它们结合起来，得出对未来一个地点可能发生的地震分布的明确描述[14]。早期标量型概率地震危险性分析方法[14] 在一些工程结构抗震评估中得到广泛应用[15]，但标量型概率地震危险性分析方法仅能给出给定地震动的单个强度参数的超越概率，而忽略了水平和竖向地震动谱型参数的相关性影响，然而，在一些情况下，水平和竖向地震动谱型参数的相关性可能会导致结构受到较大的影响，从而使得结构的安全性和可靠性降低。因此，将考虑水平和竖向地震动谱型参数相关性的多个强度参数的向量型地震危险性分析和条件谱应用于地震动记录选取研究中，将对上述结构和重要基础设施抗震分析中地震动记录选取有重要的应用价值。

在地震反应分析中，输入合理的地震动是考虑地震作用最有效的方法之一，因此如何科学地选取输入地震动成为近年来工程抗震领域主要关注的问题之一。地震动选取方法主要分为基于地震学参数选取、基于最不利地震动选取和基于地震动强度参数选取等[16]，其中，基于地震动强度参数选取是目前较为主流的选取方法，该方法主要以匹配目标谱或目标分布的形式来选取地震动。强度参数（Intensity Measure，IM）能够有效地描述地震动的不同特性。对于地震动的频谱特性，通常以匹配目标反应谱（由连续周期的谱加速度 Spectral acceleration，$Sa(T)$ 组成）的形式来进行选取，包括一致危险谱（Uniform Hazard Spectrum，UHS）、条件均值谱/条件谱[17][18]（Conditional Mean Spectrum，CMS/

Conditional Spectrum，CS）等，然而地震动的潜在破坏势不仅仅取决于频谱特性，还取决于振幅、累积效应、持时等方面。因此，为了在地震动选取中能够考虑表征这些特性的 IM，一种有效的解决办法就是采用广义条件强度参数[19]（Generalized Conditional Intensity Measure，GCIM）。GCIM 理论本质上是利用 IM 间的相关性构建目标 IM 的条件分布，以条件分布作为目标来匹配地震动记录。

上述选取方法已广泛应用于水平向地震动选取中，而针对竖向地震动选取的研究相对发展缓慢。在进行地震动记录的挑选时，需要选择既能够反映水平地震动分布特征，又能够反映竖向地震动分布特征的记录。如果仅仅选择水平地震动记录进行分析，则忽略了竖向地震动特性的影响，如果仅仅选择竖向地震动记录进行分析，则忽略了水平地震动特性的影响。目前，竖向地震动的选取方法主要包括以下三种：（1）直接选用与水平向选取结果相对应的竖向地震动记录；（2）利用 V/H 模型构建竖向目标谱进行选取；（3）采用竖向地震动预测方程构建目标谱。由于第一种方法只关注了水平向地震动，因此可能会导致竖向地震动出现"失真"的情况，而后两种方法虽然分别考虑了水平与竖向地震动谱加速度相关性和竖向地震动特性进行地震动选取，但仅考虑了频谱特性。目前，现有研究中还没有能够同时考虑水平和竖向地震动其他特性（如振幅、累积效应、持时等方面）的选取方法。另外，上述地震动选取方法通常用于单向地震动的挑选，但由于水平和竖向地震动为一组地震动的不同分量，其作用机理方面联系密切，忽略其相关关系会导致选取出现误差，但还未有研究学者提出考虑强度参数相关性的水平和竖向地震动联合选取方法。水平和竖向地震动联合选取方法将对上述结构和重要基础设施的结构抗震性能分析与设计、多元地震易损性分析和向量型地震风险评估提供地震输入基础。

1.1.3　研究意义

《建筑抗震设计规范》GB 50011—2010（2016 年版）规定：竖向地震作用一般取水平向的 65%，竖向地震特征周期按水平向第一组采用。随着近年来大震级事件的出现以及工程结构安全标准的提高，上述做法可能偏于不安全。为了更加合理地、真实地考虑竖向地震动特性，应当在水平和竖向地震动选取中考虑水平和竖向地震动强度参数间的相关性。针对竖向地震动的选取方法主要以反应谱作为选取目标，缺少对竖向地震动其他特性的考虑，水平和竖向地震动联合选取相关研究也较为缺乏。为此，本书以水平和竖向地震动联合选取为研究内容，以美国太平洋地震工程中心地震动记录为数据基础，开发了竖向和竖向地震动强度参数相关性模型，验证了竖向和竖向地震动强度参数联合分布假设，开发了水平和竖向地震动强度参数相关性模型，验证了水平和竖向地震动强度参数联合分布假设，提出了基于水平和竖向条件谱的水平和竖向地震动记录选取方法，提出了基于水平和竖向广义条件强度参数的水平和竖向地震动记录选取方法，本书的研究意义主要包括：

（1）对现有的水平-水平地震动 IM 相关性模型进行更新，为水平向地震动选取和向量型概率地震危险性分析提供更加稳健的理论基础。

（2）建立水平-竖向、竖向-竖向地震动 IM 相关系数模型，能够在工程抗震分析中合理地考虑竖向地震动的全部特性，为水平和竖向地震动联合选取和向量型概率地震危险性分析提供理论基础。

（3）验证水平-竖向、竖向-竖向地震动联合分布模型，为水平和竖向的向量型概率地震危险性分析和向量型条件谱的生成提供理论基础。

（4）基于水平和竖向条件谱的水平和竖向地震动记录选取方法和基于 GCIM 理论的水平和竖向地震动联合选取方法将对竖向地震敏感结构以及重要基础设施的抗震分析具有重要研究价值，将为工程结构在三向地震动作用下的抗震性能研究提供地震动输入基础。

1.2　研究现状

1.2.1　水平向地震动强度参数间经验相关性研究现状

地震动强度参数（IM）是描述地震动特性的指标参数，它能够有效评估地震动不同特性的潜在破坏势。由于 IM 将复杂的地面运动简化，并以数值的形式体现了地震动的频谱、振幅、累积效应、持时等特性，因此一直以来是抗震分析领域的研究重点和主要研究手段。然而由于地震动对工程结构的作用机理十分复杂，单个 IM 很难满足抗震分析需求，因此基于 IM 间的相关性来考虑多个 IM 的分析模式逐渐被应用起来。

在地震动选取研究中，最早被广泛应用的是水平向地震动 IM，针对于水平 IM 间经验相关性的研究也较为完善。经验相关性分析方法大致包括以下四个步骤：（1）基于地震动数据，结合地震动预测方程（Ground Motion Prediction Equation，GMPE）预测 IM 的中位值和对数标准差；（2）计算 IM 的标准化残差；（3）利用标准化残差代替 IM 计算相关系数；（4）建立相关系数参数化预测方程。

$Sa(T)$ 是最常用的频谱 IM，研究人员十分关注不同周期 $Sa(T)$ 间和 $Sa(T)$ 与其他 IM 间的相关性：2008 年，Baker 和 Jayaram[20] 基于 Next Generation Attenuation（NGA）数据库和 4 个 NGA 模型（AS08[21]、BA08[22]、CB08[23]、CY08[24]），研究了振动周期 $T＝0.01\sim10.0s$ 范围内水平向 $Sa(T)$ 间的经验相

关性，并建立了相应的相关系数模型（简称 BJ08），研究发现：不同振动周期 $Sa(T)$ 之间的相关系数模型适用于各种水平向合成方法，并且该相关系数模型对不同 NGA 模型不敏感；在振动周期 $T<5s$ 时，四个模型的相关系数基本相同；而当两个振动周期 T_i 和 T_j 分别处于 5s 两侧时，不同 NGA 模型的相关系数存在略微差别，但对实际工程影响较小。

为了在概率地震危险性分析（Probabilistic Seismic Hazard Analysis，PSHA）和地震动选取中应用 IM 相关系数模型，2008 年，Baker 和 Jayaram[25] 对上述理论的基础假设进行验证，研究发现：水平向 $Sa(T)$ 的事件内和事件间残差都分别很好地服从多元正态分布。

描述振幅特性的 IM 也被经常应用于地震反应分析中：2011 年和 2012 年，Bradley[26][27] 分别基于 NGA 数据库和 4 个 NGA 模型观测了水平向振幅 IM（加速度峰值 PGA、速度峰值 PGV）与 $Sa(T)$、加速度谱强度 ASI、Housner 强度 SI 之间的经验相关性，并讨论了由有限样本量引起的不确定性，研究发现：PGA 与高频 IM 之间相关性较高；而 PGV 与中、低频 IM 高度相关、与高频 IM 中度相关；频谱 IM 与其定义周期内的 $Sa(T)$ 之间呈高度相关；另外，Bradley 定性地验证了水平向 IM 的事件内和事件间残差近似服从多元正态分布。

2011 年，Bradley[28] 在上述地震动数据的基础上讨论了显著持时 IM 与其他水平向 IM 之间的相关性，常用的显著持时 IM 包括 D_{s575} 和 D_{s595}，研究表明：显著持时 IM 与频谱 IM 和振幅 IM 之间主要呈负相关，显著持时 IM 与累积效应 IM（CAV）之间呈弱正相关，显著持时 IM 与 $Sa(T)$ 之间的相关性随振动周期 T 的增长而逐渐增高。Bradley 对以上观测到的相关性结果做出了物理解释：显著持时可能与到达现场的体波和面波持续时间有关，并且这些波包含的能量是有限的。

累积效应 IM 体现了地震动在总持时内的累积能量，表征了地震动的破坏能力，在 2012 年和 2015 年，Bradley[29][30] 基于 NGA 数据库分别研究了两种水平向累积效应 IM（即累积绝对速度 CAV 和 Arias 强度 AI）与其他 IM 之间的相关性，研究发现：CAV、AI 与高频 IM 之间有着较强的相关性，与中频 IM 之间呈中等相关，并与 $Sa(T)$ 之间的相关性随振动周期的增长逐渐降低；AI 与显著持时 IM（D_{s575} 和 D_{s595}）之间存在弱相关性；这两种 IM 的累积测量结果主要对不同频率地面运动的振幅敏感，因此在特定的地震反应分析中可相互考虑或优先选择。

2010 年，褚延涵[31] 从 NGA 数据库中筛选出震级范围为 5～8 级、震中距范围为 16～30km、C 类场地剪切波速 V_{S30} 大于 50m/s 的 40 条地震动记录，计算了 36 个地震动 IM 间的相关系数。

2010 年，王德才以 NGA 和 Strong-Motion Datascape Navigator 数据库中的

694 条地震动为数据基础，计算了 15 个 IM 之间的相关系数[32]，结果表明：速度谱强度 VSI 和其他 11 个 IM 之间存在较高相关性，地面运动参数 I_e 与其他 9 个 IM 之间的相关性较高，PGV 和参数 I_f 与其他 8 个 IM 之间的相关性较高，PGD 和参数 P_d 与其他 IM 之间的相关性均不高，CAV 仅和参数 I_c 之间的相关性较高。

随着地震观测台站的增多和地震仪精度的提高，采集到的地震动数据量增大，2013 年，PEER 对 NGA 数据库进行了更新，发布了数据量更多、涵盖范围更加广泛的 NGA-West2 数据库[33]。2017 年，Baker 和 Bradley[34] 基于该数据库对部分水平向 IM 间的相关系数模型进行更新，包括 $Sa(T)$、PGA、PGV、D_{s575} 和 D_{s595}，并且评估了不同水平向合成方法下 $Sa(T)$ 的相关性以及相关系数模型的适用性，研究发现：相关系数模型基本上独立于地面运动模型和数据库，该相关系数模型与上一代之间的差异不大，不会对实际工程计算产生实质性的影响；不同水平向合成方法下 $Sa(T)$ 之间的相关系数差别不大，IM 间相关系数模型不依赖于震级 M_W、断层距 R_{rup} 和剪切波速 V_{S30}。

NGA-West2 数据库已经成为研究中的主要数据来源，但针对某些特定地区，采用该地区记录到的地震动数据更为合适，有研究学者基于其他地震动数据库观测了 IM 间的经验相关性：2017 年，冀昆[35][36] 等人基于我国 2007 年至 2014 年间的地震动记录对水平向 IM 间的相关性进行研究，提出了一种验证 GMPE 确定相关系数适用性的方法，观测了振动周期 $T=0.01\sim2.0s$ 范围 $Sa(T)$ 之间的相关系数，并与 BJ08 模型进行对比，发现两个研究中的相关系数具有相同的变化趋势，得出结论：BJ08 模型适用于我国区域内的地震活动；另外，该研究讨论了相关系数对震级的敏感性，发现在周期 T 相距较远的低相关区域中，幅度敏感性显著。

2020 年，冀昆[36][37] 等人同样基于我国数据库观测了其余水平向 IM 之间的经验相关性，研究发现：振幅 IM 与其他 IM 之间的相关系数结果与基于 NGA 数据库的结果（简称 BA_NGA 模型[26]）大致相似，但与 CAV 有关的相关性结果差异较大；此外，对于高频 IM 和显著持时 IM 之间的相关系数与 BA_NGA 模型之间的差异也是显著的，而且在全周期范围内，累积效应 IM 和 $Sa(T)$ 之间观察到相关性结果与 BA_NGA 模型相比也存在显著差异。上述对比结果表明基于 NGA 数据库的 IM 相关系数模型并不完全适合中国。

近年来地震灾害分析表明，高震级地震事件很有可能引发多次余震，因此主、余震也是地震反应分析中经常关注的领域。2019 年，Papadopoulos[38] 等人基于 NGA-West2 数据库中主震和余震地震动记录研究了不同周期间水平向 $Sa(T)$ 的经验相关系数，研究表明在相隔较近的振动周期内，余震-主震的 $Sa(T)$ 轻度相关，而在其余周期范围内，余震-余震 $Sa(T)$ 的相关性较弱；主震-余震

$Sa(T)$ 相关系数对地震学参数存在一定的依赖性；主震-余震 $Sa(T)$ 之间服从多元正态分布。

朱瑞广[13] 等从 NGA-West2 数据库中挑选出 662 条主、余震地震动记录，基于 Copula 函数分析了主震和余震水平向 34 个 IM 间的相关性，结果表明：主震和余震的显著持时 IM 之间相关性最高；多数主震 IM 的最优概率模型为 Gumbel 分布，而余震 IM 以正态分布和广义极值分布为主，主、余震 IM 间的最优 Copula 函数为 Clayton Copula 和 Frank Copula；在给定主、余震 IM 联合分布的基础上，Copula 条件均值能够很好地预测出给定主震 IM 条件下余震 IM 的取值。

综上所述，已有较多的水平向 IM 间经验相关性研究，其中，针对于 NGA 数据库的研究最为完善。然而，对于目前主流的 NGA-West2 数据库的水平向 IM 间相关性仅有部分被提出（即 $Sa(T)$、PGA、PGV、D_{s575} 和 D_{s595}），其余 IM 对地震动选取也尤为重要，因此本书将这一部分相关性研究的不足作为研究重点之一。

1.2.2　水平和竖向地震动谱型参数相关性研究现状

地震动谱型参数相关性研究是地震工程领域中的一个重要研究方向，本书关注的是不同周期处谱加速度间地震动谱型参数相关性。谱加速度（Spectral Acceleration，SA）是地震动最基本的强度参数，其相关性对建筑物抗震设计、地震风险评估和结构响应分析等方面具有较大影响。近年来，随着地震动数据收集、处理和相关性理论的不断发展，地震动谱型参数相关性研究受到了广泛重视。

2006 年，Baker 和 Cornell[40] 基于 NGA-West[41] 地震动数据库进行了地震动强度参数间相关性研究，建立了水平和水平地震动谱加速度（SA_H-SA_H）之间、水平和竖向地震动谱加速度（SA_H-SA_V）之间以及竖向和竖向地震动谱加速度（SA_V-SA_V）之间相关系数模型，这一研究成果为后续相关性研究提供了重要参考依据。2008 年，Baker 等在已有研究基础上进一步建立了一种更为精细的谱型相关性模型，称为 BJ08 模型[20]，该模型根据不同震级、不同距离和厂址条件下的地震动数据，分析了水平向地震动谱型相关性，得到了更为精细化相关系数模型，提高了地震动强度参数的预测精度。2011 年，Gülerce 和 Abrahamson[42] 在 NGA-West 数据库的基础上计算了水平 SA 和竖向与水平 SA 之比（V/H 比率）之间的相关系数，结果表明，这些相关系数对于地震震级和地震距离等因素都有很大的影响，此外，研究还发现，V/H 比率可以作为地震动谱型参数相关性的一个重要指标。随着 NGA-West2[33] 地震动数据库的更新和扩充，更多的研究人员开始基于 NGA-West2 地震动数据库进行相关性研究：2016 年，Bozorgnia 和 Campbell[43] 计算的相关系数模型仅包括同周期水平和竖向地震动

的 SA，忽略了不同周期 SA 之间的相关性。Huang 等[44] 验证了水平和竖向地震动时程相关性。Gülerce 等人在生成 GKAS17 竖向地震动预测方程时[45]，计算了竖向地震动之间谱加速度的事件内和事件间相关性。近期，有研究人员开始基于不同地震动预测方程（Ground Motion Prediction Equation，GMPE）进行相关性研究：2020 年 Kohrangi 等[46] 基于 ASK14[47]-GKAS17[45] 水平和竖向 GMPE 以及 BSSA14[48]-SBSA16[49] 水平和竖向 GMPE，计算了 SA_V-SA_H 和 SA_V-SA_V 之间的经验相关系数，并建立了一个参数化相关系数模型，研究结果表明，参数化相关系数模型可以在不同条件下准确地预测 SA_V-SA_H 和 SA_V-SA_V 之间的相关性。

综上所述，地震动谱型参数相关性研究在地震工程领域得到广泛研究并具有重要应用价值，各种相关系数模型的发展和应用可以有效地预测地震动强度参数，为结构地震响应分析、抗震设计和地震风险评估等方面提供重要参考。因此，随着地震动数据库和相关理论方法的不断更新和发展，基于 GMPE 模型的相关性模型应该得到进一步开发，以利于相关系数模型的广泛应用研究。

1.2.3　水平和竖向地震动谱型参数联合分布验证研究现状

随着地震工程领域研究不断深入，对地震动强度参数联合分布模型的研究逐渐成为一个重要的课题。在已有的研究成果中，许多学者验证了一些地震动强度参数联合分布模型：Jayaram 和 Baker 在 2008 年的研究中[25]，通过对水平地震动谱型参数的联合分布进行验证，得到了水平地震动谱型参数符合多元正态联合分布的结论。同时，Bradley 等学者在研究中也探讨了一些其他地震动强度参数的相关系数模型，并验证了这些地震动强度参数符合多元正态联合分布假设：在 2012 年的研究中，Bradley[50] 提出了一种基于广义条件强度参数方法的地震动选取算法，并验证了该算法中的地震动强度参数服从多元正态联合分布假设；在同一年的另一篇研究中，Bradley[27] 等还通过分析峰值速度与基于谱的强度参数之间的经验相关性，证明了上述参数也符合多元对数正态联合分布假设；此外，Papadopoulos[38] 等在 2019 年的研究中，也通过对主震和余震地震动谱型参数的联合分布进行验证，得到了类似的结论。

截至目前，还没有研究人员对水平和竖向地震动之间以及竖向和竖向地震动之间的谱型参数联合分布进行验证，水平和竖向地震动谱型参数以及竖向地震动谱型参数的联合分布模型具有重要应用价值，有助于深入理解地震动谱加速的分布特征，更为精细化地研究水平和竖向地震动联合发生特性。

1.2.4　水平和竖向地震动强度参数间经验相关性分析

与水平向地震动 IM 不同，竖向 IM 由于近年来才被重视起来，因此相应的相关性研究较少：2006 年，Baker[40] 根据来自于 31 个地震事件的 469 条地震动记录，建立了水平和竖向 $Sa(T)$ 之间的经验相关系数模型，该相关系数模型包含了在不同周期和不同方向组合的三类相关系数，研究发现：同一周期的正交水平 $Sa(T)$ 之间相关性相对较高，而中层结构典型第一模态周期的水平和竖向 $Sa(T)$ 相关性较低，另外正交水平分量、不同周期 $Sa(T)$ 之间的相关性可以近似为单个周期、不同分量的 $Sa(T)$ 之间相关性与同一分量、不同周期的 $Sa(T)$ 之间相关性的乘积。

2011 年，Gülerce 和 Abrahamson[42] 基于 NGA 数据库，开发了竖向与水平 $Sa(T)$（V/H）比的 GMPE，采用事件内-事件间残差组合的形式，建立了 $T = 0.01 \sim 10.0$s 周期内水平 $Sa(T)$ 与 V/H 比的事件内和事件间残差相关系数模型，给出了水平 $Sa(T)$ 与 V/H 比之间的相关系数。

2016 年，Bozorgnia 和 Campbell[43] 基于 NGA-West2 数据库开发了 PGA、PGV、$Sa(T)$ 的 V/H 模型，给出了水平和竖向 PGA、PGV、同周期间 $Sa(T)$ 的相关系数，该研究同样采用了事件内与事件间残差组合的形式，同时详细给出了震级 $M \leqslant 4.5$ 和 $M \geqslant 5.5$ 时竖向与水平向每个分量（H_1、H_2）间的相关系数，研究发现：竖向与 H_2 间的相关系数略低于 H_1 方向，另外，该研究中相关系数模型采用以震级划分定义域的分段函数形式，对于震级 $4.5 \leqslant M \leqslant 5.5$ 范围内采用线性插值计算相关系数，但该研究忽略了水平和竖向不同周期间 $Sa(T)$ 的相关性。

竖向地震动在一些重大工程结构中需要详细考虑，其中以核电站为代表：2016 年，我国台湾学者黄尹男[44] 为了验证核设施安全设计标准（如 ASCE 标准 4-98 和 43-05）中"用于时程反应分析的两个地震动正交分量的相关系数小于 0.3"要求的合理性，采用 NGA-West2 数据库中的 1689 组大震级浅层地震记录研究了正交水平分量和竖向分量时程的相关性，研究发现：标准中规定的"一组地震动记录的平均相关性不大于 0.16，任何两个记录的单一相关性均不大于 0.3"是合理的，并得到了数据支持。

以上研究主要关注于水平和竖向 $Sa(T)$ 之间的相关系数，2017 年，Gülerce[44] 等人利用 NGA-West2 数据库建立了适用于活动构造区浅层地壳地震的竖向 $Sa(T)$ GMPE，给出了不同周期间竖向-竖向 $Sa(T)$ 之间的相关系数，该相关系数模型可应用于竖向的 CMS 和向量概率地震危险性分析中（Vector Probabilistic Seismic Hazard Analysis，VPSHA）。

2020 年，Kohrangi[46] 等人观测了 NGA-West2 数据库的竖向-竖向、水平-竖向 IM 间经验相关性，IM 包括 $Sa(T)$、PGA、PGV、D_{s575}、D_{s595}，讨论了震级、断层距和 V_{S30} 对相关系数的影响，研究发现：竖向-竖向、水平-竖向 IM 相关系数模型与 Baker 和 Cornell 在 2006 年提出的相应模型之间存在细微差异，可能是因为这些模型基于的地震动数据具有不同的震级和断层距分布造成的。

综上所述，现有研究学者基于三向地震动记录观测了水平-竖向、竖向-竖向以及水平-V/H 比 $Sa(T)$、PGA、PGV、D_{s575}、D_{s595} 之间的经验相关性，并且建立了相关系数预测模型，为竖向地震动选取奠定了基础。然而，仍有许多 IM 能够表征出竖向地震动的其他特性，例如竖向地震动对短周期工程结构影响较大，因此在此类地震反应分析中应当考虑竖向 ASI（定义周期 $T = 0.1 \sim 0.5\mathrm{s}$），另外，上述研究多数是在开发竖向地震动 GMPE 或 V/H 模型的过程中简单地观测了竖向 IM 相关性，并没有对水平和竖向 IM 间经验相关性进行系统地研究。

1.2.5 水平和竖向地震动向量型危险性与条件谱生成研究现状

概率地震危险性分析（Probabilistic Seismic Hazard Analysis，PSHA）是确定场地设防地震的重要方法，PSHA 也是结构和基础设施抗震设计的重要基础，可用于确定区域地震危险性、确定场地设计地震动参数大小、评估建筑物和结构的地震风险等[14]。Cornell 在 20 世纪 60 年代首先提出了概率地震危险性分析基本理论，该方法针对单个强度参数发生强度的超越概率进行分析，称为标量型概率地震危险性分析[39]。概率地震危险性分析方法的具体步骤包括以下几个方面：（1）确定潜在震源：首先需要确定研究区域内的潜在震源分布情况，包括地震发生的频率、震源深度等因素，通常需要通过历史地震记录调查和地震调查等进行研究确定。（2）确定地震活动性参数：根据所选定的地震目录或历史地震记录，可以确定地震震级上下限和震源到场址的距离，并估算地震古登堡-里克特系数 b 值和地震年平均发生率等其他活动性参数。（3）确定地震动预测方程：地震动预测方程是用于计算地震动强度的数学模型，该方程通常基于震级、震源到场址距离和场址的地质条件等因素，通过统计分析历史地震数据来确定。根据研究区域的地质条件和地震特征，可以选择适当的地震动预测方程。（4）综合上述三个步骤，基于全概率定理，生成地震危险性曲线，根据全概率定理，可以将地震危险性表示为不同震级和距离条件下的概率密度函数，通过对概率密度函数进行积分，可以计算得到一定时间内（如 50 年、100 年或 500 年）超过某一地震动参数的概率，即地震危险性曲线。标量型概率地震危险性分析通常没有考虑强度参数间的相关性，通常输出地震危险性曲线结果。与传统的标量型概率地震危险性分析不同，Bazzurro 等人提出了一种考虑多个地震动强度参数之间相关性的向量型概率地震危险性分析方法[51]，并将其应用于美国加利福尼亚州的一些地震区域。该方法对地震参数之间的相关性进行了建模，并考虑了多个地震动参数、震级和震源距离等因素对地震危险性的影响，能够得到目标厂址多个地震动强度参数联合发生危险性结果，从而得到更为精细化的地震危险性曲面结果。已有学者基于向量型概率地震危险性分析研究，对竖向地震动强度参数目标进行地震危险性分析：Gülerce 等学者采用向量型概率地震危险性分析框架[52]，对竖向地震动对高速公路桥的抗震性能影响进行了分析；Baker等学者给出了水平和竖向地震动向量型危险性分析算例[40]，并发现该方法得到的结果比标量型危险性结果更为合理，然而，该研究未提供水平和竖向地震动向量型危险性计算的基本原理和详细计算过程。

概率地震危险性分析方法一般可以基于三种方式实现：基于积分算法[14]、基于蒙特卡洛模拟方法[53]和基于可靠度方法[54]。其中，基于积分算法的方法是最早被应用的，主要思想是将地震动参数的概率分布函数通过积分求解得到不同地震强度参数大小的超越概率，但由于计算复杂度较高，该方法在实际应用中受到了一定的限制。基于可靠度方法则是在可靠度分析的基础上，引入地震动参数的概率分布函数，得到不同地震动参数大小的超越概率，该方法计算较为简单，但需要建立复杂的可靠度分析模型。基于蒙特卡洛模拟方法则是通过随机抽取大量的地震动强度参数值，并结合地震动强度参数的概率分布函数，计算得到指定目标超越概率下的地震动强度水平，该方法的优点在于概念清楚，程序修改方便，同时移植性强。王晓磊和吕大刚[53]基于中国标量型概率地震危险性分析方法，运用蒙特卡洛模拟程序，分析中国某核电厂厂址地震危险性和分解结果。

综上所述，目前水平和竖向地震动向量型危险性分析比较匮乏，可以基于水平和竖向地震动谱型参数的相关系数模型和联合分布模型提出水平和竖向地震动向量型概率地震危险性分析方法的基本原理，并基于蒙特卡洛模拟方法针对某地震信息丰富的厂址给出具体算例分析。

场地相关谱是指在某个场地地震环境下，用于描述地震动谱加速度大小与周期之间关系的谱，在结构工程和地震动记录挑选方面具有重要的研究价值。基于概率地震危险性分析与分解的结果和考虑地震动强度参数之间相关系数模型可以生成场地相关谱。场地相关谱主要包括一致危险谱[55]和条件均值谱[17]等，一致危险谱是早期应用较多的场地相关谱，其特点是所有周期谱加速度发生概率一致，具有明确的概率信息，但是谱型比较保守。针对一致危险谱的保守性，Baker等提出了条件均值谱概念[17]，条件均值谱在条件周期谱加速度具有指定超越概率的基础上，进一步考虑了谱型参数相关系数信息，所得谱型较为合理。Jayaram和Baker验证了水平向地震动谱加速度联合分布符合多元对数正态模型分布假设[25]，为条件均值谱计算公式提供了概率分布理论基础。之后，条件均值谱概念得到了不断扩展研究：Lin[18]等在条件均值谱基础上，进一步考虑不确定性标准差，提出了条件谱概念；朱瑞广等将条件均值谱概念推广到了余震领域[56]；上述条件均值谱的条件周期只有一个，Loth[57]提出了有多个条件周期的广义条件均值谱概念；Kishida[58]进一步给出了广义条件均值谱的理论基础；为了简化计算，Kwong等[59]提出了仅有两个条件周期的简化广义条件均值谱概念；Kohrangi等[60]针对三维结构模型抗震分析的地震动选取，提出了向量型条件谱概念，该研究给出了水平两个方向的向量型条件谱生成方法，可更科学合理考虑双向地震动相关性，挑选出的双向地震动更为合理；Nievas 等[61] 研究了水平多方向条件谱。上述研究中，条件均值谱和条件谱研究都是以水平向地震动为主要研究对象。

对于竖向地震动的特定场地相关谱研究，到目前为止，主要包括两种方法：第一种方法是根据竖向地震动预测方程直接进行竖向地震动概率地震危险性分析，生成竖向地震动的特定场地设计谱，该方法的缺点是：按照一定的年超限率进行概率地震危险性分解时，不能保证竖向场地谱的水平和竖向谱加速度由同一地震情景控制[62]；第二种方法是在水平向场地相关谱和 V/H 模型的基础上，利用统计方法和经验公式，将水平向地震动的谱参数转化为竖向地震动的谱参数，从而生成竖向场地特定设计谱[42]，该方法的优点是能够保证竖向谱的 SA_V 和 SA_H 由同一地震情景控制，但缺点是转化公式的精度和适用性存在不确定性，且不容易捕捉到水平 GMPE 与竖向预测相关 V/H 方程中的所有关于震级、震源距离和场地条件等影响[46][63]。

一些研究人员考虑基于水平和竖向地震动之间谱加速度的相关系数模型，对竖向地震动的条件均值谱进行了研究：Cagnan 等人[63] 基于二元正态联合分布假设，提出了水平地震动谱型参数和 V/H 比率谱型参数之间相关性的竖向地震动条件均值谱理论；Kale 和 Akkar[62] 在二元正态联合分布假设的基础上，考虑了水平和竖向地震动谱型参数的相关性，提出了用于设计规范的竖向地震动实用场地设计谱。然而，在上述研究中，多变量正态联合分布的假设没有得到验证，水平和竖向地震动谱型参数的相关系数模型是根据水平地震动和 V/H 比率模型的谱型参数相关性模型而间接生成的。

综上所述，可基于水平和竖向地震动谱型参数相关性模型和多元联合分布模型在内的水平和竖向地震动联合发生信息，生成竖向地震动场地相关谱。

1.2.6 基于向量型条件谱的水平和竖向地震动记录选取方法研究

地震动记录选取为工程结构分析与设计提供可靠的地震动输入[64][65]，选取适合的地震动记录是工程结构分析与设计的重要环节。基于条件谱的选取方法[66~70] 和基于广义条件强度参数的地震动记录选取方法[50][27][19] 是两种常见的地震动选取方法。基于广义条件强度参数的地震动记录选取方法是一种基于概率统计的地震动选取方法，该方法利用广义条件强度参数（Generalized Conditional Intensity Measure，GCIM）对地震动记录进行筛选。基于条件谱的选取方法主要是根据目标反应谱来筛选符合要求的地震动记录。

Lin 在其论文中指出[66][67]，与传统的基于时程匹配的地震动选取方法相比，基于条件谱的地震动选取方法具有以下优点：（1）基于条件谱的方法可以更好地考虑地震动的频率特性对结构响应的影响，因此可以选择更适合结构体系的地震动记录；（2）基于条件谱的方法可以在给定地震动强度参数和结构系统特征参数的条件下，综合考虑地震动的强度、频率特性和结构体系的特征，更准确地评估地震动的破坏概率；（3）基于条件谱的方法可以较为高效地进行地震动选取，特别是当需要从大量地震动记录中选择少量地震动记录情况下。近年来，随着结构抗震设计要求越来越高，该方法得到了进一步的研究和完善[66~70]。

在地震动记录选取中，根据目标函数的数量，地震动选取方法通常可以选用单目标优化算法[19] 和多目标优化算法[71]。单目标优化方法旨在最大程度地满足一个目标函数，通常是最大地震动强度或最大加速度等。这种方法只考虑单一的优化目标，不能充分考虑其他因素的影响。相比之下，多目标优化方法旨在优化多个目标函数，以在不同目标之间找到最佳平衡点。具体来说，在地震动记录选取中，多目标优化可以同时考虑地震动条件谱的平均值和标准差等多个因素，以找到最优的地震动记录组合。该方法首先基于一个地震动记录数据库，生成大量地震动记录，然后，采用多目标优化算法（如贪心优化算法）从这些地震动记录中选择一组地震动记录，使得所选地震动记录在多个指标上达到最优。这种方法考虑了多个目标的影响，可以得到更全面和合理的结果，所选地震动记录的性能优于传统方法。近年来，该方法已经被广泛研究和应用：Baker 等人[68][69] 先后基于贪心目标优化算法开发了地震动选取程序；Moschen 等[71] 提出并开发了基于多目标优化算法的地震动选取方法和程序。上述地震动选取研究主要是针对水平向地震动。目前，水平和竖向地震动选取常用方法包括：（1）首先基于水平目标谱，选取水平地震动记录，然后选取相应同一个地震事件的竖向地震动记录[10]；（2）首先基于竖向目标谱，选取竖向地震动记录，然后选取相应同一个地震事件的水平向地震动记录[72]。上述两种水平和竖向地震动选取方法仅能匹配水平或竖向目标谱，而不能同时匹配水平和竖向目标谱，且没有考虑水平和竖向地震动联合发生信息。

综上所述，基于多目标优化的水平和竖向地震动记录选取研究，将同时匹配水平向地震动条件谱和竖向条件谱，且考虑水平和竖向地震动联合发生信息，将对竖向地震动反应敏感的结构抗震性能分析与设计、多元地震易损性分析和向量型地震风险评估提供地震输入基础。

1.2.7　基于广义条件强度参数的水平和竖向地震动联合选取

基于 IM 的水平向地震动选取方法主要包括：基于条件均值谱/条件谱（CMS/CS）和广义条件强度参数（GCIM）两种，上述两种方法旨在根据一个或多个感兴趣的 IM 来选择最能代表控制场地地震活动的记录。对于任何单个 IM，都会选择（或人工模拟）一组记录并缩放以匹配目标 IM 值。地震动 IM 的分布

取决于 IM 值和与现场危害相关地震场景的其他特征（如震级和断层距等）。Lin[66] 等人对基于条件谱（CS）选取方法进行了深入研究，发现基于 CS 选取出的地震动记录能够较好体现目标场地的地震危险性，可以直接用于后续结构地震风险分析中。而 GCIM 方法可认为是 CMS/CS 的扩展，即将目标反应谱更换为 IM 条件分布来进行地震动匹配。

相比之下，竖向地震动选取方法的发展较为缓慢。在早期研究中，由于对竖向地震动的危害不够重视，因此大多采用"选取与水平向选取结果相对应的竖向记录"的方法。然而，由于地震动数据量庞大，地震作用机理复杂，尽管选取出的水平向地震动符合预期目标，但与之对应的竖向地震动仍然存在较大的不确定性。

对此，为了使选取出的地震动记录更加符合竖向地震动特性，许多对大量竖向地震动记录进行回归拟合而开发的竖向 GMPE 被提出[42]，这些竖向 GMPE 通常采用 $Sa(T)$、PGA、PGV 等 IM 随震源机制、路径和场地信息变化的函数形式。对于竖向地震动选取，以反应谱为目标的选取形式仍然是目前流行方法，因此以竖向 GMPE 输出的、由多个周期 $Sa(T)$ 组成的竖向设计谱为目标是竖向地震动选取的常用方法之一。竖向设计谱的生成主要有两种方法：（1）直接使用竖向 GMPE 生成竖向设计谱；（2）基于水平设计谱，结合 V/H 模型生成竖向设计谱，然而前者会导致分解出的水平和竖向地震场景可能存在稍微不同[63]，而后者方法的局限性在于：在地震学参数（例如震级、断层距和场地条件等）方面，竖向地震动的比例可能不同于水平向，V/H 模型很难解释这些差异和标准差[49]。

无论是采用竖向 GMPE 还是 V/H 模型，这些构造目标谱的方法都忽略了 IM 间的相关性。因此，能够考虑 IM 间相关性的 CMS/CS 方法被扩展到竖向地震动选取中。2011 年，Gülerce 和 Abrahamson[42] 提出了基于 V/H 模型构建竖向 CMS 的方法，该方法给出两种构建竖向 CMS 的思路：第一种是采用 V/H 模型对水平 CMS 进行缩放，得到竖向 CMS，但该方法没有考虑 V/H 值可变性与水平地震动可变性之间的相关性；第二种思路是在第一种基础上，计算过程中增加了对 V/H-水平相关性的考虑。

值得注意的是，上述地震动选取方法仅致力于单向目标谱的生成，虽然有些方法同时生成了水平和竖向 CMS，但在选取过程中仍然采用分别匹配（独立进行）的形式选取水平和竖向地震动。水平和竖向地震动联合选取方法主要包括：（1）基于水平目标谱选取水平地震动记录，然后选取相应的竖向地震动记录[73]；（2）基于竖向目标谱选取竖向地震动记录，然后选取相应的水平向地震动记录[73]。由于水平和竖向地震动记录是一组地震波的不同分量，因此存在十分密切的联系，而上述方法并没有考虑水平和竖向地震动的联合发生信息。

2020 年，Kohrangi[74] 等人提出了基于向量型 CS 的水平和竖向地震动联合选取方法。传统的 CS 方法是以单个周期的 Sa 作为条件构建目标谱，而向量型 CS 方法可选取多个周期的 $Sa(T)$ 作为条件 IM。Kohrangi 等人分别从水平和竖向周期中选取一个 $Sa(T)$ 作为条件 $IM=\{Sa_H(T_i)，Sa_V(T_j)\}$，使用水平-竖向 $Sa(T)$ 相关系数模型，构建了向量 CS_H 和向量 CS_V 对地震动进行联合匹配，以储液罐为对象探讨考虑或不考虑竖向地震动对储液罐反应和损伤评估的影响。

综上所述，采用 CMS/CS 选取方法能够较好体现目标场地的地震危险性，但多数研究将其应用在单向或水平两向地震动选取中，仅有少量研究[74] 提出了水平和竖向地震动向量型 CS 的联合选取方法，但该选取方法中没有考虑到除反应谱以外的 IM，竖向地震动的潜在破坏势仍然与这些 IM 间存在密切联系。GCIM 理论很好地在地震动选取中考虑了全部 IM，然而目前 GCIM 理论没有被应用到竖向地震动选取中。基于 GCIM 理论的水平和竖向地震动联合选取方法能够有效克服现有研究方法不足，保证地震动水平和竖向分量的 IM 分布与场地危害的一致性，将为工程结构的三向反应分析奠定基础。

1.3　本书主要研究内容

本书研究内容主要分为以下八个方面：

（1）地震动数据库建立和所用 IM 概念介绍及其计算

总结全球范围内常用的地震动数据库网站，介绍本书数据来源 "PEER NGA-West2 数据库" 的基本分布情况；根据筛选准则，选取出来自 70 个地震事件的 2073 组水平和竖向地震动记录，探讨上述地震动数据的分布情况以及加速度峰值比 a_V/a_H 与震级、断层距以及场地类别之间的关系；对本书所选用的 14 种 IM 进行介绍，包括 $Sa(T)$、ASI、VSI、DSI、SI、EPA、EPD、EPV、CAV、AI、D_{s575}、D_{s595}、PGA 和 PGV，介绍目前常用的几种 IM 计算方法。

（2）水平向地震动 IM 间经验相关性研究

基于水平向地震动记录和 GMPE，计算水平向 IM 间的经验相关系数中位值和标准差，开发 EPA、EPV、EPD 的间接预测方程，并分别定量地、定性地检验其对数正态分布假设；采用 Fisher z 变换和非参数 bootstrap 方法，计算考虑由于有限样本量引起的相关系数不确定性；探讨水平向 IM 间的经验相关性，并与现有研究进行对比；采用连续分段函数的形式对相关系数结果进行拟合，建立参数预测模型。

（3）水平和竖向地震动谱型参数相关性研究

基于 NGA-West2 地震动数据库，采用 CB14[79] 水平 GMPE 和 BC16[109] 竖向 GMPE，分别计算水平和竖向地震动谱型参数，并基于相关系数理论公式，进行竖向谱型参数、水平和竖向谱型参数相关性分析，将计算的经验相关系数模型与参数化相关系数模型进行比较，进一步扩展参数化相关系数模型的适用性，为后续水平和竖向地震的联合发生研究提供相关性模型基础。

（4）水平和竖向地震动谱型参数的联合分布验证研究

采用一种定性方法和一系列定量方法，验证竖向地震动谱型参数以及水平和竖向地震动谱型参数联合分布假设，为后续水平和竖向地震动联合发生的研究提供概率分布模型理论基础。

（5）水平和竖向地震动 IM 间经验相关性研究

基于水平和竖向地震动记录，结合 GMPE 计算水平和竖向 IM 间的经验相关系数中位值和标准差，采用 Chi-Square quantile-quantile 图验证水平和竖向地震动 IM 间服从多元对数正态分布的假设；采用 Fisher ζ变换和非参数 bootstrap 方法，计算由于有限样本量引起的相关系数不确定性；探讨水平和竖向 IM 间的经验相关性，并与现有研究中的相应部分进行对比；采用连续分段函数的形式对相关系数结果进行拟合，建立参数预测模型；探讨相关系数模型对震级、断层距、剪切波速的潜在依赖性。

（6）水平和竖向地震动向量型危险性与条件谱生成研究

基于上述相关性模型和联合分布模型，同时基于蒙特卡洛模拟方法，进行向量型概率地震危险性分析，进行水平和竖向地震动向量型危险性分析与分解，将分析和分解的结果应用于向量型条件谱生成中，基于向量型条件谱理论公式，生成水平和竖向地震动向量型条件谱，最后针对某个场地，给出水平和竖向地震动向量型危险性分析与条件谱生成的具体算例分析。

（7）基于多目标优化的水平和竖向地震动记录选取研究

基于贪心优化算法，考虑水平和竖向地震动记录的联合发生信息，同时匹配水平和竖向地震动向量型条件谱，选取水平和竖向地震动记录，最后将计算选取的地震动记录的危险性，与水平和竖向地震动概率地震危险性分析结果进行比较，验证所选地震动记录的危险一致性。

（8）基于水平和竖向地震动 GCIM 的联合选取方法研究

阐述 GCIM 的基本理论，提出水平和竖向地震动 GCIM 分布的构建方法，并与"无条件分布"对比，提出基于 GCIM 的水平和竖向地震动联合选取方法的理论细节，给出以水平 IM 作为条件的实际算例，利用相关系数模型构建水平和竖向地震动 GCIM 目标分布，将选取结果与传统选取方法进行对比，说明该方法的合理性。

第 2 章　水平向地震动强度参数间经验相关性分析

2.1　引言

地震动记录数据库和强度参数是地震动选取的基础与前提条件，其决定了在选取过程中选取依据是否具有代表性。本章以 PEER NGA-West2 数据库作为数据来源，从中严格筛选出部分三向地震动记录作为数据基础，对竖向和水平加速度峰值比与震级、断层距以及场地类别之间的关系进行初步探讨，对本研究所选用的地震动强度参数以及水平和竖向地震动强度参数计算方法进行说明，为后续研究奠定了数据基础；基于筛选出的水平向地震动记录，计算水平向地震动强度参数（包括：Sa（T）、PGA、PGV、ASI、VSI、DSI、SI、EPA、EPV、EPD、CAV、AI、D_{s575}、D_{s595}），使用相应地震动预测方程，得到 IM 标准化总残差，进行经验相关性分析，考虑由有限样本量引起的相关系数不确定性，采用分段函数的形式建立水平-水平 IM 相关系数预测模型，为后续水平和竖向地震动记录选取奠定了数据基础。

2.2　NGA-West2 地震动记录数据库

随着全球进入强震活跃期和地震动观测技术的进步，一些国家和地区逐步建立了地震动记录数据库，并且相关管理机构对这些地震动数据开发了可供用户检索、查看、下载的数据库网站。国外建立了一些地震动记录数据库网站，包括：美国太平洋地震工程研究中心（PEER）NGA-West2 地震动数据库[33]、美国强地震动观测系统组织委员会 COSMOS 虚拟数据中心[75]、美国国家工程强地震动数据中心 NCESMD、日本强地震动观测网络 K-NET 和 Kik-Net[76]、欧洲强地震动数据库 ESD[77]、欧洲地震观测与研究设施 ORFEUS、意大利地震加速度记录档案馆 ItacaNet 等。近年来，我国的地震动数据库也逐渐被建立：国家地震科学数据共享中心、中国地震台网中心（CENC）地震数据管理与服务系统等。

由于数据质量高等原因，本书选用 NGA-West2① 数据库作为数据来源。PEER 在 2013 年发布了该数据库，NGA-West2 数据库的地震动记录来自全球范围内的观测台站，采用统一标准对地震动记录进行处理，并且提供了十分完善的地震学、台站场地条件以及强度参数等信息，因此许多研究人员将其作为研究数据来源。相较于上一代 NGA 数据库，NGA-West2 的数据量明显增加，其中包含来自 607 个地震事件的 21539 组地震动记录，震级范围为 3.0～7.9 级，断层距范围为 0～500km，具体分布如图 2.1（a）所示，可发现：震级范围 3～5.5 级、断层距范围 0～350km 内的地震动数量最多，其次是震级范围 6.5～7.5 级、断层距范围 0～300km 的地震动。另外，各个场地类别的地震动记录数量如图 2.1（b）所示，场地类别划分标准采用美国抗震规范（NEHRP）[78]，如表 2.1 所示，可发现：C 类和 D 类场地的地震动数量最多，分别占比 61.6%、31.8%，A 类、B 类和 E 类占比最少，图中"-"表示缺少 V_{S30} 信息的地震动记录。

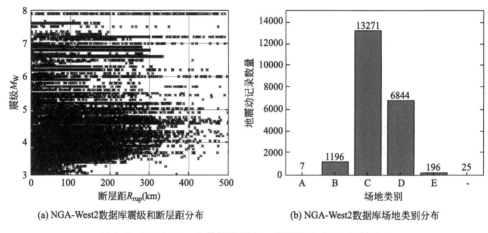

(a) NGA-West2数据库震级和断层距分布　　(b) NGA-West2数据库场地类别分布

图 2.1　NGA-West2 数据库震级、断层距和场地类别分布

美国规范（NEHRP）场地类别划分　　　　　　　　　　表 2.1

场地类别	土层	$V_{S30}/(\mathrm{m \cdot s^{-1}})$
A	硬基岩	$V_{S30} > 1500$
B	岩石	$1500 \geqslant V_{S30} > 760$
C	软岩石或非常致密土壤	$760 \geqslant V_{S30} > 360$
D	硬土	$360 \geqslant V_{S30} > 180$
E	软土	$V_{S30} \leqslant 180$

---

① 数据出处：美国太平洋地震工程研究中心（PEER），http：//ngawest2.berkeley.edu/。

2.3 地震动记录筛选

由于 NGA-West2 数据库包含的地震动数量多、涵盖范围广，为了提高本研究的可靠性，本书采用 NGA-West2 数据库 CB14 模型[79] 中的地震动记录。CB14 模型共筛选出来自于 322 个地震事件的 15521 组地震动记录，该模型排除了三分量缺失、地震学信息不全、低质量或非地面台站等能够影响研究结果的地震动记录，具体信息可见 CB14 模型的地震动筛选标准[79]。另外，为了使本研究具有一定的工程实际意义，本书只选取工程中感兴趣的地震学参数范围内地震动记录作为研究对象，限制范围包括：主震、震级 M_W>5 和断层距 R_{rup}<100km[46]。需要指出的是，本书的研究内容主要是针对水平和竖向地震动，因此必须保证每组地震动记录都具有竖向分量信息，缺少竖向分量的记录也被排除在外。综上所述，在 CB14 模型地震动数据选取准则基础上，本书水平和竖向地震动记录的筛选准则如下：

（1）震级 M_W>5。

（2）断层距 R_{rup}<100km。

（3）具有完整的三向分量地震动记录。

（4）排除余震的地震动记录。

（5）排除在 PEER NGA-West2 官网上不能检索的地震动记录，即编号 RSN4577-4839 和 RSN8055-9194 的记录。

基于上述地震动记录的筛选准则，本书共挑选出 70 个地震事件的 2073 组三向地震动记录。震级和断层距分布如图 2.2 所示，可见所选地震动记录的震级和断层距分布较为均匀。

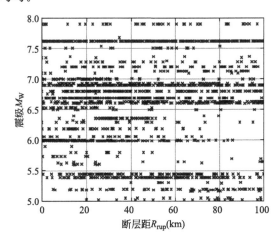

图 2.2 所选地震动记录的震级和断层距分布

基于挑选的 2073 组三向地震动记录，竖向和水平加速度峰值比 a_V/a_H 与震级、断层距以及场地类别之间的关系如图 2.3 所示，可发现：在震级 $M_W>5.0$ 以及断层距 $R_{rup}<100km$ 的范围内，接近半数的地震动记录竖向和水平加速度峰值比 a_V/a_H 超过了我国规范中规定的 0.65，其中，a_V/a_H 较大值集中出现在震级 $M_W6.0\sim7.5$、断层距 $R_{rup}<40km$ 范围内，最大为 4.2；另外，加速度峰值比 a_V/a_H 随着剪切波速 V_{S30} 的增加而逐渐下降，表明超越 0.65 的记录主要分布在 C、D 两类场地中。

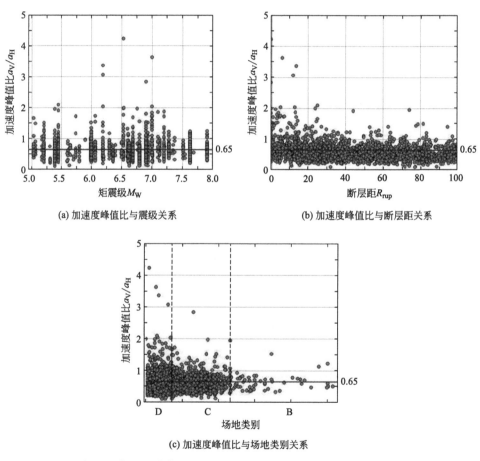

(a) 加速度峰值比与震级关系　　　　(b) 加速度峰值比与断层距关系

(c) 加速度峰值比与场地类别关系

图 2.3　加速度峰值比 a_V/a_H 与震级、断层距以及场地类别关系

2.4　地震动强度参数

地震动强度参数（IM）能够有效描述地面运动特征，一直以来都被广泛应

用于工程抗震分析中。在工程结构抗震领域，研究人员普遍认为地震对结构的破坏能力与地震动的频谱、振幅、累积效应、持续时间等有关，由于地震作用机理十分复杂，单个 IM 很难描述地震动的全部特性。许多研究人员针对不同特性开发了不同的 IM，目前共有数十种 IM 被提出，根据其定义与计算公式的不同，主要可以分为与时程相关的地震动强度参数、与频谱相关的地震动强度参数、与强震持时相关的地震动强度参数和其他地震动强度参数[31]。本书仅选用在地震动选取中常用的 IM 作为研究对象，包括：反应谱加速度（$Sa(T)$）、加速度峰值（PGA）、速度峰值（PGV）、加速度谱强度（ASI）、速度谱强度（VSI）、位移谱强度（DSI）、Housner 强度（SI）、有效峰值加速度（EPA）、有效峰值速度（EPV）、有效峰值位移（EPD）、累积绝对速度（CAV）、Arias 强度（AI）和显著持时（D_{s575} 和 D_{s595}）。

反应谱加速度（$Sa(T)$）是最常用且能够描述地震动频谱特性的 IM，其定义是阻尼比为 ξ、自振周期为 T 的单自由度体系在地震动作用下的最大加速度。通常情况下，随着自振周期的变化（$T=0.01\sim10.0s$），$Sa(T)$ 主要以"谱"的形式被应用到抗震分析中，同时，该参数也是地震动选取中最为常用的目标形式，例如 UHS、CMS/CS 等。

加速度峰值（PGA）和速度峰值（PGV）是常用的两种振幅 IM，它们提供了地面运动强度的初步评估，PGA、PGV 计算公式可分别表示为[80]：

$$PGA = \max|a(t)| \tag{2.1}$$

$$PGV = \max|v(t)| \tag{2.2}$$

式中，$a(t)$ 为加速度时程，$v(t)$ 为速度时程。

加速度谱强度（ASI）、速度谱强度（VSI）、位移谱强度（DSI）[81]、Housner 强度（SI）[82] 被广泛应用于宏观强度和结构损伤评估中，可分别基于不同反应谱指标（即 $Sa(T)$、反应谱速度 $Sv(T)$、反应谱位移 $Sd(T)$）计算得到，定义式分别如下：

$$ASI = \int_{0.1}^{0.5} Sa(T, \xi=0.05)\mathrm{d}T \tag{2.3}$$

$$VSI = \int_{0.1}^{2.0} Sv(T, \xi=0.05)\mathrm{d}T \tag{2.4}$$

$$DSI = \int_{2.5}^{4.0} Sd(T, \xi=0.05)\mathrm{d}T \tag{2.5}$$

$$SI = \int_{0.1}^{2.5} Sv(T, \xi=0.05)\mathrm{d}T \tag{2.6}$$

式中，T 为振动周期，ξ 为阻尼比（一般取 0.05）。ASI、VSI、SI、DSI 分别反映了由地震动引起短周期、中周期和长周期工程结构反应的平均强度，有研究表明这类 IM 在一定程度上降低了反应谱指标的离散性[83]，同时，上述参数也能够为不同周期范围内的结构提供定量的损伤严重程度预测[84]。

由于 PGA 与结构损伤之间相关性较低[85]，有研究学者提出了能够评估地震动损伤破坏势的 IM，即有效峰值参数（即 EPA、EPV、EPD），这些 IM 被广泛应用于建筑物结构损伤分析方法[85] 和钢筋混凝土框架结构性能分析[86] 等研究中。截至目前，EPA 已有多种定义，其中，最常用的是应用技术委员会（ATC）[87] 给出的定义：有效峰值加速度 EPA 可表示为 0.1～0.5s 振动周期内的谱加速度 $Sa(T)$ 平均值除以 2.5；有效峰值速度 EPV 可表示为 0.8～2.0s 振动周期内的谱速度 $Sv(T)$ 平均值除以 2.5；有效峰值位移 EPD 可表示为 2.5～4.0s 振动周期内的谱位移 $Sd(T)$ 平均值除以 2.5，其定义公式可分别表示为：

$$EPA = \frac{Sa_{avg}(T_i,\ 5\%)\big|_{0.1}^{0.5=T_i}}{2.5} \tag{2.7}$$

$$EPV = \frac{Sv_{avg}(T_i,\ 5\%)\big|_{0.8}^{2.0=T_i}}{2.5} \tag{2.8}$$

$$EPD = \frac{Sd_{avg}(T_i,\ 5\%)\big|_{2.5}^{4.0=T_i}}{2.5} \tag{2.9}$$

式中，avg 表示平均值，值得注意的是，2.5 是一个经验系数，其物理意义是反应谱的平均放大倍数。

上述 IM 仅能描述地震动的频谱特性，有研究表明在地震动选取中仅考虑频谱 IM 会导致在累积效应和持续时间方面产生偏差[88]。本书选择累积绝对速度（CAV）和 Arias 强度（AI）来描述地震动的累积效应，其定义公式可分别表示为：

$$CAV = \int_0^{t_{max}} |a(t)| \, dt \tag{2.10}$$

$$AI = \frac{\pi}{2g}\int_0^{t_{max}} a(t)^2 \, dt \tag{2.11}$$

式中，$a(t)$ 为加速度时程；t_{max} 为时程的总持时；g 为重力加速度，通常取 $9.8m/s^2$。

CAV 通常被用于评估核电厂场地的基准地震强度大小，然而需要指出的是，CAV 本质上是高度简化的 IM，尽管在某些情况下不同地震动的时程、反应谱以及地震动参数等信息完全不同，但是计算出的 CAV 很有可能接近，因此 CAV 一般与其他 IM 结合使用。与 CAV 不同的是，虽然 AI 也是描述地震动累积效应的参数，但是 AI 可同时捕捉到地震动持时、加速度振幅和频谱含量等特性，因此 AI 也被广泛应用于短周期结构地震反应[89][90]、边坡稳定性[91] 和土壤液化等分析中[92][93]。

许多 IM 定义可以描述地面运动的显著持时，其中最常用的是 D_{s575} 和 D_{s595}[94]，D_{s575} 和 D_{s595} 可定义为 AI 的数值分别达到总 AI 值的 75%（或 95%）和 5% 时对应时刻的差值，其计算公式如式（2.12）和（2.13）所示。D_{s575} 反映了体波引起的强烈震动的持续时间[95]，而 D_{s595} 反映了由体波和表面波组合引起的强烈地震动的持续时间[96]。

$$D_{s575} = t_{75} - t_5 \tag{2.12}$$
$$D_{s595} = t_{95} - t_5 \tag{2.13}$$

本书选取了上述 14 个可以描述地震动各个特性的 IM 作为研究对象，但需要指出的是，其他 IM 不在本书范围内并不意味着它们不重要。

2.5　地震动强度参数计算

本书所使用的每组地震动记录可分为一对正交的水平分量记录和一条竖向分量记录，为了计算得到水平向 IM，需要对两条水平分量记录进行合成处理。目前常用的水平向合成处理方法包括：GM（几何平均值）、Lar（较大值）、GM-RotI50[97] 以及 RotD××[98]。

GM 和 Lar 合成方法是最早被应用在地震动预测方程中，它们取两条水平分量计算得到 IM 值的几何平均值和较大值，其计算公式可分别表示为：

$$IM_{GM} = \sqrt{IM_x IM_y} \tag{2.14}$$
$$IM_{Lar} = \max(IM_x, \ IM_y) \tag{2.15}$$

式中，IM_x 和 IM_y 分别表示基于 x 方向分量和 y 方向分量计算得到的 IM。

GMRotI50 是一种与地震动传感器方向无关的、不依赖于振动周期的几何平均值计算方法，其定义为地震动记录的每个周期 T_i 在 0° 到 90° 之间所有非冗余旋转获得的 50 百分位谱值的几何平均值[97]。

RotD×× 是一种依赖于周期、基于分量（而非几何平均值）的水平合成方法，×× 为旋转角度 0°～180° 内指标值的分位数（例如 "00" "50" 和 "100" 分别为最小值、中位值和最大值，其中 RotD50 是最常用的），计算公式可表示为[98]：

$$a_{Rot}(t; \ \theta) = a_1(t)\cos\theta + a_2(t)\sin\theta \tag{2.16}$$

式中，$a_1(t)$ 和 $a_2(t)$ 表示正交水平分量的加速度时程；θ 表示旋转角度；$a_{Rot}(t; \theta)$ 表示合成后的水平加速度时程。

GM 和 Lar 合成方法需要首先计算两个水平分量地震动强度参数，然后再根据式（2.14）和式（2.15）分别进行合成运算，而 GMRotI50、RotD50 合成方法需要首先对加速度时程记录进行合成运算，然后再根据合成后的加速度时程记录计算强度参数。对于水平向 IM，本书采用 GM 和 RotD50 两种计算方法，其中，$Sa(T)$、PGA、PGV、ASI、VSI、DSI、SI、EPA、EPV、EPD 采用 RotD50 进行处理，CAV、AI、D_{s575}、D_{s595} 采用 GM 进行处理，对于竖向 IM，直接通过竖向加速度时程即可计算得到。

2.6 地震动预测方程的选择

地震动预测方程（GMPE）能够有效估计地震动的强度，为地震反应分析和安全性评估提供一定的参考。GMPE 一般基于特定范围的地震动数据，采用回归拟合的方法建立参数方程，将震源机制和场地条件等信息作为输入变量，预测地震强度及其不确定性。选择合适的 GMPE 是研究 IM 间经验相关性的关键步骤，这将影响相关性结果的准确性。本章采用了 NGA-West2 数据库中 CB14 GMPE[79] 预测水平向 $Sa(T)$、PGA 和 PGV 的分布。然而。对于 ASI、DSI 和 SI 强度参数，基于 NGA-West2 数据库拟合回归的预测方程目前尚未开发，因此本书采用了 Bradley 教授提出的间接预测方程，分别为 BA10[99]、BA11[100]、BA09[101]，上述预测方程是基于 $Sa(T)$ GMPE 输出的 IM 中位值和对数标准差，利用对数正态分布的性质开发的。

尽管 VSI 的预测方程目前尚未明确提出，但是其预测方程的开发理论可以参考 SI 预测方程 BA09，根据定义［式（2.4）和式（2.6）］可知，VSI 和 SI 之间的差异仅为 $Sv(T)$ 的计算振动周期（T）范围不同。此外，有效峰值参数 EPA、EPV 和 EPD 的地震动预测方程也尚未开发，但由定义式（2.7）～式（2.9）可知，EPA、EPV 和 EPD 也可以基于 $Sa(T)$ 计算得到，因此本章将在 2.7 节中参考 BA10、BA11、BA09 间接预测方程的开发理论，建立 EPA、EPV 和 EPD 的预测方法，并讨论其分布。

本书采用了 Campbell 和 Bozorgnia 提出的 CB19 GMPE[102] 来估计 CAV 和 AI 的分布。由于 CB19 是基于 NGA-West2 建立的，该数据库将震级和断层距扩展到 3.0 级和 500km，并且 CB19 也使用了新的函数形式对数据进行回归拟合，与上一代 CAV 和 AI 的 GMPE（即 CB10[103] 和 CB12[104]）相比，CB19 适用范围更加广泛，并且稳健性好。另外，本书采用 Afshari 和 Stewart 提出的 AS16 GMPE[105] 来计算两个显著持时 IM 的分布（即 D_{s575} 和 D_{s595}）。表 2.2 列出了本章 14 种 IM 所使用的 GMPE 以及水平向合成方法，需要说明的是，只有当上述 IM 在地震动记录的可用周期范围内时，才计算其实际 IM 值和预测分布（使用 GMPE），例如，如果最大可用周期为 2.0s，则不会计算周期超过 2.0s 的 $Sa(T)$ 或 SI（$T_{SI}=0.1\sim2.5s$）。

所考虑 *IM* 的 GMPE 及其水平向合成方法　　表 2.2

IM	定义式	单位	合成方法	GMPE
谱加速度 $Sa(T)$	—	g		CB14
加速度峰值 PGA	$PGA = \max \mid a(t) \mid$	g		
速度峰值 PGV	$PGV = \max \mid v(t) \mid$	cm/s		
加速度谱强度 ASI	$ASI = \int_{0.1}^{0.5} Sa(T, \xi = 0.05) dT$	g·s		BA10
速度谱强度 VSI	$VSI = \int_{0.1}^{2.0} Sv(T, \xi = 0.05) dT$	cm		BA09
位移谱强度 DSI	$DSI = \int_{2.5}^{4.0} Sd(T, \xi = 0.05) dT$	cm·s	RotD50	BA11
Housner 强度 SI	$SI = \int_{0.1}^{2.5} Sv(T, \xi = 0.05) dT$	cm		BA09
有效峰值加速度 EPA	$EPA = \dfrac{S_{a_{avg}}(T_i, 5\%) \mid_{0.1}^{0.5 = T_i}}{2.5}$	g		本研究
有效峰值速度 EPV	$EPV = \dfrac{S_{v_{avg}}(T_i, 5\%) \mid_{0.8}^{2.0 = T_i}}{2.5}$	cm/s		本研究
有效峰值位移 EPD	$EPD = \dfrac{S_{d_{avg}}(T_i, 5\%) \mid_{2.5}^{4.0 = T_i}}{2.5}$	cm		本研究
累积绝对速度 CAV	$CAV = \int_0^{t_{\max}} \mid a(t) \mid dt$	m/s		CB19
Arias 强度 AI	$AI = \dfrac{\pi}{2g} \int_0^{t_{\max}} a(t)^2 dt$	m/s	GM	
显著持时 D_{s575} 和 D_{s595}	$D_{s575} = t_{75} - t_5$ $D_{s595} = t_{95} - t_5$	s		AS16

2.7　*EPA*、*EPV*、*EPD* 地震动预测方程的开发

2.7.1　BA10、BA11、BA09 间接预测理论

Bradley 教授基于 $Sa(T)$ GMPE 的输出结果，提出了 *ASI*、*DSI* 和 *SI* 的间接预测方程，可分别表示为 BA10、BA11、BA09。本节以 *ASI* 为例简述上述预测方程的计算过程。

目前 Jayaram 和 Baker 已经证明了单个振动周期的 $Sa(T)$ 服从对数正态分布，而多个周期 $Sa(T)$ 近似服从多元对数正态分布[25]，因此，根据对数正态分

布的性质，$Sa(T)$ GMPE 的非对数形式可分别表示为[99]：

$$\mu_{Sa} = Sa_{50} \exp\left(\frac{1}{2}\sigma_{\ln Sa}^2\right) \tag{2.17}$$

$$\sigma_{Sa} = \mu_{Sa}\sqrt{\exp(\sigma_{\ln Sa}^2) - 1} \tag{2.18}$$

式中，exp 是以 e 为底的指数函数；Sa_{50} 和 $\sigma_{\ln Sa}$ 分别是由 GMPE 提供的 $Sa(T)$ 中位值和对数标准差；μ_{Sa} 和 σ_{Sa} 分别为 $Sa(T)$ 的平均值和标准差。根据 ASI 的离散形式（即 $ASI = \int_{0.1}^{0.5} Sa(T，5\%)dT \approx \sum_{i=1}^{n} w_i Sa_i$），$ASI$ 的平均值 μ_{ASI} 和方差 σ_{ASI}^2 可表示如下[99]：

$$\mu_{ASI} = \sum_{i=1}^{n} w_i \mu_{Sa_i} \tag{2.19}$$

$$\sigma_{ASI}^2 = \sum_{i=1}^{n}\sum_{j=1}^{n}(w_i w_j \rho_{Sa_i, Sa_j}\sigma_{Sa_i}\sigma_{Sa_j}) \tag{2.20}$$

式中，w_i 是积分权重，ρ_{Sa_i, Sa_j} 是 $Sa(T_i)$ 和 $Sa(T_j)$ 之间的相关系数。假设 ASI 服从对数正态分布，其中位值 ASI_{50} 和对数标准差 $\sigma_{\ln ASI}$ 可分别表示为[99]：

$$ASI_{50} = \frac{\mu_{ASI}^2}{\sqrt{\sigma_{ASI}^2 + \mu_{ASI}^2}} \tag{2.21}$$

$$\sigma_{\ln ASI} = \sqrt{\ln\left(\left(\frac{\sigma_{ASI}}{\mu_{ASI}}\right)^2 + 1\right)} \tag{2.22}$$

上述计算过程就是 Bradley 教授提出的 ASI 预测方程生成方法。值得注意的是，对于 SI 和 DSI 这两个 IM 的预测方程，将上述计算式（2.17）至式（2.22）中的 $Sa(T)$ 替换为相应的谱速度（$Sv(T)$）和谱位移（$Sd(T)$）就可以得到其中位值和对数标准差。

2.7.2 EPA、EPV 和 EPD 预测方程理论

本节参考 Bradley 教授提出的 ASI 等 IM 的 GMPE 开发了 EPA、EPV 和 EPD 的间接预测方程，由于 PGA 与地震动引起的结构损伤程度之间相关性很低[85]，而 EPA 可以克服这一缺点，有效峰值参数（即 EPA、EPV、EPD）的定义在本章 2.4 节中已阐述，上述定义可以简化为：

$$EP = \frac{S_x(T_i，5\%)\big|_{T_{\text{down}}}^{T_{\text{up}}=T_i}}{2.5} \approx \sum_{i=1}^{n}\left[S_x\frac{1}{2.5n}\right] \tag{2.23}$$

式中，EP 为有效峰值（EPA、EPV 或 EPD）；$S_x(T_i，5\%)$ 是振动周期为 T_i、阻尼比为 5% 的反应谱值（$Sa(T)$、$Sv(T)$ 或 $Sd(T)$）；T_{up} 和 T_{down} 分别是 EP 定义振动周期范围的上、下限。式（2.23）也给出了 EP 定义的离散形式，n 是定义振动周期范围内反应谱值的数量。

从 EP 的定义可知，EP 是直接由反应谱值计算得到的，反应谱的平均值 μ_{Sa} 和标准偏差 σ_{Sa} 分别由方程（2.17）和方程（2.18）给出，因此，EP 平均值 μ_{EP} 和方差 σ_{EP}^2 的离散形式就可以分别表示为：

$$\mu_{EP} = \sum_{i=1}^{n} \left[\mu_{Sa_i} \frac{1}{2.5n} \left(\frac{T_i}{2\pi} \right)^m \right] \tag{2.24}$$

$$\sigma_{EP}^2 = \sum_{i=1}^{n} \sum_{i=j}^{n} \left[\rho_{Sa_i, Sa_j} \sigma_{Sa_i} \sigma_{Sa_j} \left(\frac{1}{2.5n} \right)^2 \left(\frac{T_i T_j}{4\pi^2} \right)^m \right] \tag{2.25}$$

式中，m 是定义参数，根据 EP 而变化（如果 $EP = EPA$，$m = 0$；如果 $EP = EPV$，$m = 1$；如果 $EP = EPD$，$m = 2$）。

ρ_{Sa_i, Sa_j} 是 $Sa(T_i)$ 和 $Sa(T_j)$ 之间的相关系数，可由 $\ln Sa(T)$ 相关系数模型[20][106] 计算得到，可表示为[101]：

$$\rho_{Sa_i, Sa_j} = \frac{\exp(\rho_{\ln Sa_i, \ln Sa_j} \sigma_{\ln Sa_i} \sigma_{\ln Sa_j}) - 1}{\sqrt{\exp(\sigma_{\ln Sa_i}^2) - 1} \sqrt{\exp(\sigma_{\ln Sa_j}^2) - 1}} \tag{2.26}$$

类似地，假设 EP 遵循对数正态分布[101]（本章 2.7.3 节将证明这一假设），根据对数正态分布的性质，EP 的中位值 EP_{50} 和对数标准差 $\sigma_{\ln EP}$ 可分别表示为：

$$EP_{50} = \frac{\mu_{EP}^2}{\sqrt{\sigma_{EP}^2 + \mu_{EP}^2}} \tag{2.27}$$

$$\sigma_{\ln EP} = \sqrt{\ln \left[\left(\frac{\sigma_{EP}}{\mu_{EP}} \right)^2 + 1 \right]} \tag{2.28}$$

式中，μ_{EP} 和 σ_{EP} 为 EP 平均值和标准差的非对数形式，可由方程（2.24）和（2.25）计算得到。因此可以发现，基于 $Sa(T)$ 的 GMPE 可以准确地获得 EP 的中位值和对数标准差，这样做的优点是可以更好地考虑断层形式和场地条件的影响，并且也可以根据不同的需求应用于不同的 $Sa(T)$ GMPE。值得注意的是，当 Sa 的 GMPE 没有提供相应的相关系数模型时，可以采用其他研究中的相关系数。上述预测方程没有给出 EP 的精确分布，而是仅假设 EP 服从对数正态分布，本章将在 2.7.3 节中对该假设进行验证。

2.7.3　EPA、EPV、EPD 的分布检验

本章 2.7.2 节详细地描述了 EPA、EPV 和 EPD 中位值和对数标准差的预测方程，但没有对 EP 的分布假设进行验证，本节将采用模拟数据集和经验数据集来验证 EP 的对数正态分布假设。

对于模拟数据集，可采用 Monte Carlo 方法来创建：首先，确定模拟数据集的地震破裂场景（即震级 M_w、断层距 R_{rup}、V_{S30} 等）；然后，通过 Monte Carlo 方法产生具有多元正态分布及其相关结构的不同振动周期 $\ln Sa(T)$，对 $\ln Sa(T)$

取自然指数获得 $Sa(T)$（非对数形式）；最后，通过式（2.23）计算得到 EP 值，得到 EP 的模拟数据集。

本节采用上述方法，基于某一地震破裂情景（$M_\mathrm{w}=7$，$R_\mathrm{rup}=50\mathrm{km}$，$V_\mathrm{S30}=360\mathrm{m/s}$）生成了 EP 的模拟数据集（样本量：10000），并与理论分布（正态分布、对数正态分布）进行对比，测试结果见图 2.4（图中正态分布基于式（2.24）和式（2.25）计算得到，而对数正态分布是基于式（2.27）和式（2.28）计算得到），可以看出：EP 的模拟数据集与对数正态分布非常吻合，与正态分布之间偏差较大，这初步表明 EPA、EPV 和 EPD 遵循对数正态分布。

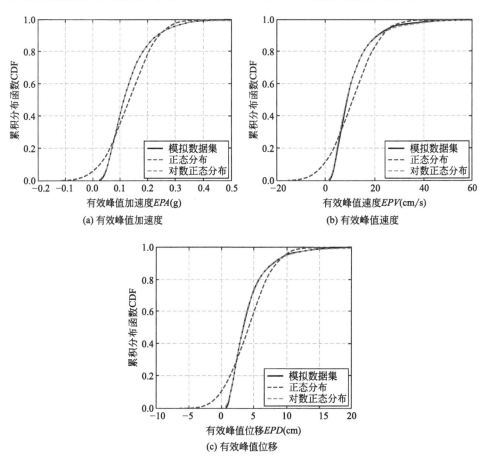

图 2.4　EP 模拟数据集的分布与正态、对数正态分布比较

为了进一步验证 EP 对数正态分布的假设，本节基于 20 个地震破裂场景生成了 20 个模拟数据集，并计算了这些模拟数据集在显著性水平为 5％时的 Kolmogorov-Smirnov（KS）和 Anderson-Darling（AD）[107] 检验统计量（KS 检验和 AD 检验是验证样本分布的非参数统计检验方法），检验统计结果见表 2.3，可

以看出，每个模拟数据集 EPA、EPV 和 EPD 的 KS 测试统计值均小于临界值
（0.0136），同样 AD 测试统计值也未超过临界值（0.7518）。

KS 和 AD 检验统计　　　　　　　　　　　　　　　表 2.3

EP	KS 检验统计量			AD 检验统计量		
	最小值	最大值	临界值	最小值	最大值	临界值
EPA	0.0042	0.0097	0.0136	0.1349	0.7199	0.7518
EPV	0.0038	0.0101	0.0136	0.1912	0.6065	0.7518
EPD	0.0046	0.0095	0.0136	0.1961	0.7188	0.7518

上述研究验证了 EP 模拟数据集服从对数正态分布，然而模拟数据集的建立
依赖于 $Sa(T)$ 的对数正态分布性质，因此有必要采用经验数据集来验证在不明
确 $Sa(T)$ 分布的情况下 EP 是否服从对数正态分布假设。

本书将 NGA-West2 数据库中 CB14 模型所包含的地震动数据作为经验数据
集，在可用频率范围内，基于 CB14 GMPE 并结合上述 EP 预测方程计算了经验
数据集中每条地震动 EPA、EPV 和 EPD 的标准化总残差（对数），检验其是否
服从正态分布，结果见图 2.5（图中黑色圆点表示数据样本点，45°线表示理论分
布（即标准正态分布），灰色区域表示 99% 置信区间），可发现：这三种 IM 的经
验数据样本点分布与 45°线匹配良好，仅 EPA 局部分布在置信区间外，这可能
是由于作者在根据 CB14 模型适用范围选取地震动记录时存在一些偏差导致的，
表明 EP 的经验数据集服从对数正态分布的假设。

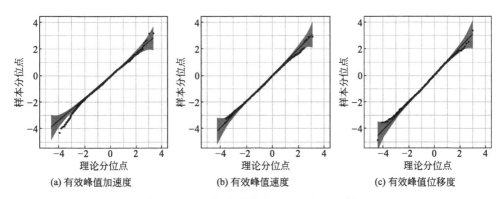

(a) 有效峰值加速度　　　　　　(b) 有效峰值速度　　　　　　(c) 有效峰值位移

图 2.5　EP 标准化总残差的正态 Q-Q 图

本节分别采用模拟数据集和经验数据集定性和定量地检验了 EP 的分布假
设，结果表明：EP 的模拟数据集和经验数据集都服从对数正态分布，表明本章
2.7.2 节间接预测方程开发过程中对 EP 分布假设的合理性，验证了该间接预测
方程应用的可行性。

2.8 地震动强度参数间经验相关性分析方法

2.8.1 经验相关系数计算

对于特定的地震破裂场景，GMPE 能够预测地震动 IM 的中位值和对数标准差，GMPE 通常可表示为：

$$\ln IM = f(\text{Rup}_k, \text{Site}) + \varepsilon \cdot \sigma(\text{Rup}_k, \text{Site}) \tag{2.29}$$

式中，$f(\text{Rup}_k, \text{Site}) = \mu_{\ln IM \mid \text{Rup}_k}$ 和 $\sigma(\text{Rup}_k, \text{Site}) = \sigma_{\ln IM \mid \text{Rup}_k}$ 分别是 $\ln IM$ 的预测中位值和对数标准差，同时，上述两个变量也是地震破裂场景和场地条件的函数。ε 是 IM 的标准化总残差，理论上遵循标准正态分布。对式（2.29）进行等式变换，即可得到 ε 的计算公式：

$$\varepsilon(IM_i) = \frac{\ln IM_i - \mu_{\ln IM_i \mid \text{Rup}_k}}{\sigma_{\ln IM_i \mid \text{Rup}_k}} \tag{2.30}$$

从上述公式中可以看出，$\ln IM_i$ 和 ε_i 之间存在线性关系。因此，本研究使用标准化总残差代替 $\ln IM$ 来计算地震动强度参数间的经验相关性，即 $\rho_{\ln IM_i, \ln IM_j} = \rho_{\varepsilon_i, \varepsilon_j}$。严格来说，使用总残差直接计算相关系数并不严谨，因为同一地震事件中包含的地震动记录是相关的。然而有研究表明使用总残差计算相关系数所产生的偏差很小[20][26]，可以忽略不计。

本研究使用 Pearson 相关系数来估计 IM 之间的经验相关性，Pearson 相关系数的计算公式可表示为：

$$\rho_{\ln IM_i, \ln IM_j} = \rho_{\varepsilon_i, \varepsilon_j} = \frac{\sum_{k=1}^{n} \left[(\varepsilon_k(IM_i) - \overline{\varepsilon(IM_i)})(\varepsilon_k(IM_j) - \overline{\varepsilon(IM_j)}) \right]}{\sqrt{\sum_{k=1}^{n} \left[(\varepsilon_k(IM_i) - \overline{\varepsilon(IM_i)})^2 \right] \sum_{k=1}^{n} \left[(\varepsilon_k(IM_j) - \overline{\varepsilon(IM_j)})^2 \right]}} \tag{2.31}$$

式中，n 是样本容量，$\varepsilon_k(IM_i)$ 和 $\varepsilon_k(IM_j)$ 分别是第 k 条记录的 $\ln IM_i$ 和 $\ln IM_j$ 的标准化总残差，$\overline{\varepsilon(IM_i)}$ 和 $\overline{\varepsilon(IM_j)}$ 分别是 $\varepsilon_k(IM_i)$ 和 $\varepsilon_k(IM_j)$ 的样本平均值。

2.8.2 相关系数的不确定性

本章前述理论和计算过程提供了相关系数的点估计，但由于所使用的样本量有限，这将导致相关系数具有非恒定的方差，使其存在不确定性。为了合理考虑这种不确定性，本章使用了两种相关系数变换方法，包括 Fisher ζ 变换[108] 和非参数 bootstrap 方法[107]。

Fisher ζ 变换是近似方差的稳定变换，变换后的相关系数可表达为 z，随着样本量的逐渐增加，z 将快速收敛到正态分布，该分布的均值 μ_z 和标准差 σ_z 可分别表示为：

$$\mu_z = \frac{1}{2}\left(\frac{1+\rho}{1-\rho}\right) = \tanh^{-1}\rho \tag{2.32}$$

$$\sigma_z = \sqrt{\frac{1}{N-3}} \tag{2.33}$$

式中，ρ 是通过式（2.31）计算的 Pearson 相关系数，N 是样本量，$\tanh^{-1}$ 是反双曲正切函数。由于变换后的相关系数 z 遵循正态分布，因此相关系数的中位值 ρ_{50} 可表示为：

$$\rho_{50} = \left(\frac{e^{2\mu_z}-1}{e^{2\mu_z}+1}\right) = \tanh(\mu_z) \tag{2.34}$$

非参数 bootstrap 方法也可以有效地解释相关系数的不确定性。非参数 bootstrap 方法的本质是对观测值进行重复采样，然后对样本总体分布的特征进行统计判断。在本章中，每个 IM 的总残差被重复采样 1000 次，然后计算相应 IM 之间的相关系数。最后，基于具有 1000 个相关系数的新样本对相关系数的分布进行估计。类似地，变换后相关系数的中位值 ρ_{50} 等于样本分布的平均值，其标准差可用于评估不确定性。值得注意的是，由于本章仅选择了单个 GMPE 来获得 IM 间的经验相关性。但当对于同一个 IM，采用多个 GMPE 来估计其分布时，应使用逻辑树方法来处理由 GMPE 引起的相关系数不确定性。

2.9　水平向地震动强度参数间的经验相关性

2.9.1　非 $Sa(T)$ 强度参数间的相关系数

本节基于本章 2.4 节筛选出的水平向地震动记录，采用上述经验相关性分析和非参数 bootstrap 方法，计算了水平向 13 个非 $Sa(T)IM$ 之间的相关系数及其不确定性，结果见图 2.6（该箱型图中的百分数可以有效地说明由有限样本量引起的相关系数不确定性），同时，为了比较，图 2.6 也给出了 Bradley 基于 NGA 数据库获得的相应结果，此外，13 个 IM 之间的 78 个相关系数中位值和标准差如表 2.4 所示，可发现：

（1）ASI 与 VSI、SI 之间呈中度相关，而与 DSI 之间呈低相关性，VSI 和 SI 与 DSI 之间也呈中度相关，相关系数约为 0.75，有效峰值 IM（即 EPA、EPV 和 EPD）与其他 IM 之间的相关性与 ASI、VSI 和 DSI 的相关性情况十分相似，而且 EPA-ASI、EPV-DSI 和 EPD-DSI 的相关系数非常接近 1.0，这是因为这两类 IM 都描述了不同周期段（短、中、长周期）的频谱强度。上述观测结果表明：频谱 IM 之间的相关性主要取决于 IM 的定义周期范围。

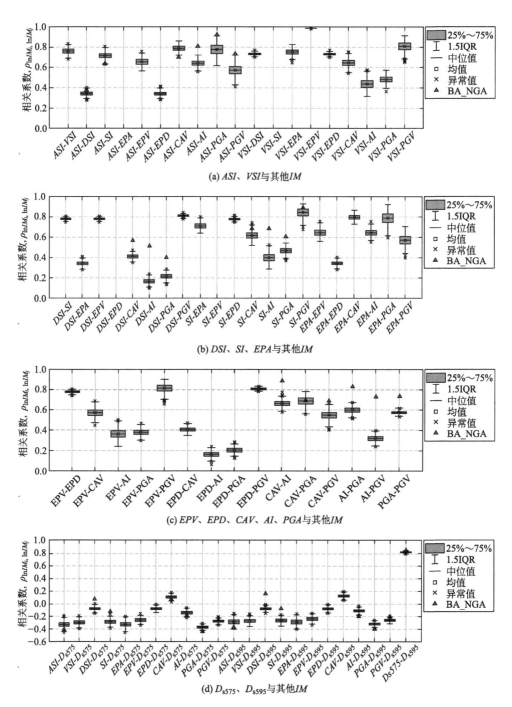

(a) *ASI*、*VSI*与其他*IM*

(b) *DSI*、*SI*、*EPA*与其他*IM*

(c) *EPV*、*EPD*、*CAV*、*AI*、*PGA*与其他*IM*

(d) D_{s575}、D_{s595}与其他*IM*

图 2.6　地震动 *IM* 之间的相关系数箱型图

表 2.4

IM 之间相关系数的中位值和标准差

ρ_{50} (σ_b)	ASI	VSI	DSI	SI	EPA	EPV	EPD	CAV	AI	D_{s575}	D_{s595}	PGA	PGV
ASI	1 (0)	0.757 (0.028)	0.342 (0.02)	0.71 (0.029)	0.999 (0)	0.65 (0.034)	0.341 (0.021)	0.791 (0.025)	0.64 (0.03)	−0.33 (0.045)	−0.291 (0.043)	0.779 (0.061)	0.573 (0.056)
VSI		1 (0)	0.733 (0.011)	0.996 (0)	0.753 (0.028)	0.986 (0.001)	0.733 (0.011)	0.647 (0.038)	0.44 (0.044)	−0.296 (0.032)	−0.272 (0.032)	0.482 (0.032)	0.812 (0.049)
DSI			1 (0)	0.774 (0.01)	0.336 (0.021)	0.776 (0.009)	1 (0)	0.406 (0.022)	0.163 (0.023)	−0.077 (0.025)	−0.079 (0.024)	0.207 (0.023)	0.809 (0.009)
SI				1 (0)	0.706 (0.03)	0.99 (0)	0.774 (0.009)	0.613 (0.038)	0.397 (0.045)	−0.286 (0.032)	−0.265 (0.03)	0.459 (0.032)	0.844 (0.046)
EPA					1 (0)	0.646 (0.034)	0.338 (0.021)	0.792 (0.025)	0.639 (0.031)	−0.327 (0.045)	−0.293 (0.042)	0.784 (0.062)	0.568 (0.055)
EPV						1 (0)	0.775 (0.01)	0.572 (0.041)	0.367 (0.047)	−0.26 (0.028)	−0.238 (0.028)	0.383 (0.027)	0.814 (0.039)
EPD							1 (0)	0.406 (0.021)	0.162 (0.024)	−0.077 (0.024)	−0.079 (0.025)	0.207 (0.022)	0.808 (0.009)

续表2.4

ρ_{50} (σ_b)	ASI	VSI	DSI	SI	EPA	EPV	EPD	CAV	AI	D_{s575}	D_{s595}	PGA	PGV
CAV								1 (0)	0.665 (0.027)	0.107 (0.022)	0.126 (0.022)	0.683 (0.044)	0.546 (0.043)
AI									1 (0)	−0.143 (0.027)	−0.114 (0.024)	0.598 (0.027)	0.322 (0.027)
D_{s575}										1 (0)	0.816 (0.009)	−0.372 (0.021)	−0.28 (0.023)
D_{s595}											1 (0)	−0.322 (0.022)	−0.261 (0.022)
PGA												1 (0)	0.575 (0.015)
PGV													1 (0)

（2）对于本章考虑的振幅 IM，PGA 与频谱 IM 中的 ASI（或 EPA）之间具有最高的相关性（例如 $\rho_{\ln ASI,\ln PGA}=0.779$），可能由于它们都描述了高频地面运动强度导致的，随着定义周期逐渐增长（即 SI、DSI），PGA 与频谱 IM 之间的相关性逐渐降低（$\rho_{\ln PGA,\ln SI}=0.459$，$\rho_{\ln PGA,\ln DSI}=0.207$），$PGV$ 与 SI、DSI（或 EPV、EPD）之间具有较高的相关性（例如 $\rho_{\ln PGV,\ln SI}=0.844$；$\rho_{\ln PGV,\ln DSI}=0.809$）。

（3）对于累积效应 IM，CAV 与 ASI 之间的相关性较高（$\rho_{\ln CAV,\ln ASI}=0.791$），$CAV$ 与 VSI 之间呈中度相关（$\rho_{\ln CAV,\ln VSI}=0.647$），$CAV$ 与 DSI 之间的相关性最低（$\rho_{\ln CAV,\ln DSI}=0.406$）；此外，在振幅 IM 中，CAV 与 PGA 之间的相关系数最高（$\rho_{\ln CAV,\ln PGA}=0.683$）；另一代表地地震动累积效应的 IM—AI 与其他 IM 之间的相关性和 CAV 的情况基本类似，但相关系数总体上低于 CAV，平均低 0.2 左右，而且 AI 与 CAV 之间呈中度相关（$\rho_{\ln AI,\ln CAV}=0.665$）。上述现象表明：与振幅 IM—PGA 相同，累积效应 IM 与频谱 IM 之间的相关系数也随着定义周期的增长而减小。

（4）D_{s575} 和 D_{s595} 与高频 IM（ASI、PGA、EPA）之间呈负相关性，约为 -0.3，但与中、低频 IM（VSI、DSI、PGV 等）之间负相关性较弱；与上述现象不同的是，D_{s575} 和 D_{s595} 与频谱 IM 之间的相关系数随着定义周期的增长而逐渐增加（例如 $\rho_{\ln EPA,\ln D_{s575}}=-0.327$，$\rho_{\ln EPV,\ln D_{s575}}=-0.26$，$\rho_{\ln EPD,\ln D_{s575}}=-0.07$），同时，$D_{s575}$ 和 D_{s595} 仅与 CAV 之间存在正相关性，相关系数分别为 0.107 和 0.126，D_{s575} 和其他 IM 之间的相关系数变化情况与 D_{s595} 相似，但 D_{s595} 略高于 D_{s575}，而且 D_{s575} 和 D_{s595} 之间存在中度相关性（$\rho_{\ln D_{s575},\ln D_{s595}}=0.816$）。上述现象表明：显著持时 IM 与其他 IM 之间主要呈弱相关或负相关。

（5）本章的相关性结果与 Bradley 基于 NGA 数据库获得的结果（简称 BA_NGA 模型[26]~[30]）比较显示，两组相关性结果中，频谱 IM 之间的相关系数大致相似，累积效应 IM 和振幅 IM 与 BA_NGA 模型的相关系数有显著差异，本研究中的相关系数多数较低，与 AI 有关的相关系数差异最大，差值约为 0.2~0.4，与两种显著持时 IM 有关的相关系数基本相同，但 DSI 和 SI 除外。上述现象表明：基于 NGA-West2 数据库对 IM 之间的相关系数模型进行更新是有必要的。

2.9.2　IM 与不同周期 Sa（T）间的相关系数

基于水平向地震动数据，本节采用上述经验相关性分析和 Fisher ζ 方法，计算了 13 个 IM 与 $T=0.01\sim10.0s$ 内 $Sa(T)$ 之间的相关系数及其不确定性，结果见图 2.7[图中实线和虚线分别表示相关系数的中位值及其不确定性（90% 置信区间）]，可发现：

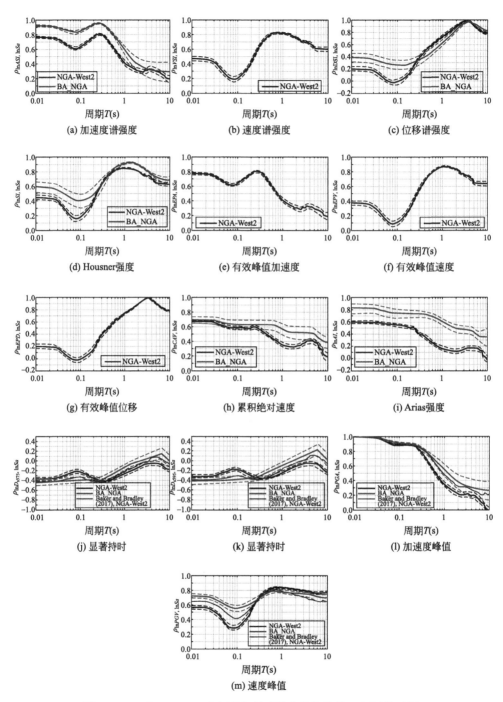

(a) 加速度谱强度　　　　(b) 速度谱强度　　　　(c) 位移谱强度

(d) Housner强度　　　　(e) 有效峰值加速度　　　　(f) 有效峰值速度

(g) 有效峰值位移　　　　(h) 累积绝对速度　　　　(i) Arias强度

(j) 显著持时　　　　(k) 显著持时　　　　(l) 加速度峰值

(m) 速度峰值

图 2.7　IM 与 Sa（T）之间的相关系数中位值及其 90% 置信区间

（1）ASI 和周期范围内 $Sa(T)$ 之间的相关系数最高，而其他 VSI、DSI 也分别与中、长周期内 $Sa(T)$ 之间呈高度相关性，这表明频谱 IM 与其定义周期范围内的 $Sa(T)$ 高度相关，在其他现有研究中也观察到了类似的现象。

（2）需注意的是，有效峰值 IM（即 EPA、EPV 和 EPD）与 $Sa(T)$ 之间的相关系数变化情况与 ASI、VSI、DSI 和 SI 几乎一致，在短周期内，PGA 与 $Sa(T)$ 之间存在较高的相关性，然而随着周期的增长，其相关性逐渐变弱，甚至在 10.0s 时不相关，在中、长期内，PGV 与 $Sa(T)$ 的相关性最高，达到 0.8 左右。

（3）累积效应 IM（CAV、AI）与 $Sa(T)$ 之间的相关系数随周期的增长而逐渐降低，整体呈中度相关，但在周期 T 趋于 10s 时，AI 与 $Sa(T)$ 为负相关。

（4）显著持时 IM（D_{s575}、D_{s595}）与 $Sa(T)$ 之间主要呈负相关性，相关系数中位值为 $-0.4 \sim (-0.2)$，并且随着周期的增长逐渐增加，趋于不相关。

本节还将相关系数结果与现有研究（即 BA _ NGA 模型、Baker 和 Bradley (2017)[34]）中相应结果进行对比，结果见图 2.7，可发现：

（1）两组相关系数的趋势基本相同，但在 NGA-West2 数据库中观察到的相关系数大多数略低于现有研究。

（2）本章获得的 ASI、SI、DSI、PGV 与短周期内 $Sa(T)$ 之间的相关系数比现有研究低约 0.2，但在长周期范围内这种差异不显著。

（3）CAV 和 AI 与 $Sa(T)$ 之间的相关系数在整个周期范围内低于 NGA-West2 数据库的相关系数模型，其中 AI 差异较大，约为 0.2。

（4）值得注意的是，D_{s575}、D_{s595}、PGA 与 $Sa(T)$ 之间的相关系数与现有研究相比并没有显著差异。

（5）另外，Bradley 基于 NGA-West2 数据库获得的相关系数不确定性略大于本研究，这可能是由于本章所使用的样本量较大导致的。

2.10　经验相关系数预测模型的建立

相关系数参数预测模型通常采用以周期 T 为自变量的连续函数形式，其优点可以在所选定振动周期范围内（$T = 0.01 \sim 10.0$s），提供任意周期的相关系数，同时也消除了可能由于有限样本量引起的突变值，可方便应用于基于 GCIM 的地震动选取或概率地震危险性分析程序中。基于上述原因，本节建立了相关系数参数预测模型。

相关系数模型中的连续函数采用分段函数的形式，可以提高模型拟合能力，此处采用了现有研究中的特定函数形式[26]：

$$\rho_{\ln IM_i,\ \ln Sa(T)} = \frac{a_n + b_n}{2} - \frac{a_n - b_n}{2} \tanh[d_n \ln(T/c_n)],\quad e_{n-1} \leqslant T < e_n$$

(2.35)

式中，n 是分段的数量；$\tanh$ 是双曲正切函数；e_n 是每段周期范围的上、下限，由研究人员通过观察相关系数结果来确定，通常被确定为与相关系数极值相对应的周期 T；a_n、b_n、c_n 和 d_n 是分段函数中第 n 段的拟合参数，在确定每个分段范围后，使用最小二乘法拟合经验相关系数曲线，以获得参数 a_n、b_n、c_n 和 d_n。根据上述过程建立的函数形式可以有效地预测 $\rho_{\ln IM_i,\ \ln Sa(T)}$，并且易于应用。

本节采用上述分段函数形式对 2.9 节中观测到的 13 个 IM 与 $Sa(T)$ 之间的相关系数结果进行拟合，建立了水平 - 水平 IM 相关系数模型，模型的分段点和拟合参数细节见附录 A.1，其中，非 $Sa(T)IM$ 之间的相关系数中位值可以直接从表 2.4 中获得。为了说明相关系数模型的预测能力，本节将该模型输出的相关系数预测值与实际观测值进行对比，结果见图 2.8，可发现：该预测模型拟合精度较高，准确地预测了 IM 与 $Sa(T)$ 之间的相关系数，并且没有出现由于有限样本量引起的突变值。

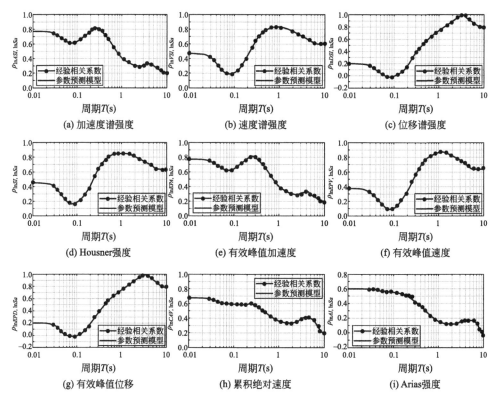

图 2.8　相关系数观测结果与预测模型对比（一）

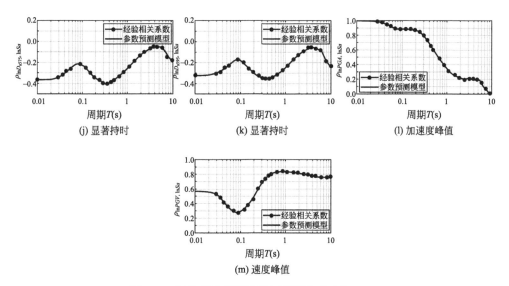

图 2.8　相关系数观测结果与预测模型对比（二）

2.11　本章小结

本章主要介绍了全球可用的一些地震动数据库和本章所采用的 PEER NGA-West2 数据库地震动数据，并对数据进行了分析，探讨了竖向和水平加速度峰值比 a_V/a_H 与震级、断层距和场地类别之间的关系，另外，介绍了本章所采用的 14 种 IM 及其计算方法，研究了水平向地震动频谱、振幅、累积效应和显著持时 IM 之间的经验相关性，共包括 14 个 IM：$Sa(T)$、ASI、VSI、DSI、SI、EPA、EPD、EPV、CAV、AI、D_{s575}、D_{s595}、PGA 和 PGV，采用 Fisher z 变换和非参数 bootstrap 方法考虑了由有限样本量引起的相关系数不确定性，采用连续分段函数的形式对相关系数结果进行拟合，建立了水平-水平 IM 相关系数预测模型，基于 $Sa(T)$ 的 GMPE 开发了有效峰值参数（EPA、EPV、EPD）的间接预测方程，并检验了多元对数正态假设，得出以下主要结论：

（1）PEER NGA-West2 数据库中，震级分布为 3～5.5 级和断层距分布为 0～350km 内的地震动数量最多，其次是震级范围 6.5～7.5 级和断层距范围为 0～300km 的地震动；场地类别为 C 类和 D 类的地震动数量最多，而场地类别为 A 类、B 类和 E 类占比最少。

（2）对于从 NGA-West2 数据库 CB14 模型筛选出的 70 个地震事件的 2073 组三向地震动记录，其中接近半数地震动记录的加速度峰值比 a_V/a_H 超过了规范中规定的 0.65，a_V/a_H 较大值集中出现在震级 M_W 为 6.0～7.5、断层距

$R_{rup} < 40km$ 范围内，同时，a_V/a_H 随着 V_{S30} 的增加而下降，超越 0.65 的记录主要分布在 C、D 两类场地中。

（3）频谱 IM（即 ASI、VSI、DSI 和 SI 等）之间的相关系数取决于其定义周期范围，并且与定义周期内的 $Sa(T)$ 高度相关，有效峰值 IM（即 EPA、EPV 和 EPD）与其他 IM 之间的相关情况与 ASI、VSI 和 DSI 非常相似。

（4）振幅 IM 与频谱 IM 之间的相关性也与其定义周期有关，PGA 与高频 IM（ASI、EPA、短周期 $Sa(T)$）之间相关性较高，而 PGV 则与中、低频 IM（SI、DSI、EPV、EPD、中、长周期 $Sa(T)$）之间具有较高的相关性。

（5）累积效应 IM（即 CAV 和 AI）与频谱 IM 之间的相关系数随着定义周期的增长而减小，CAV 和 AI 与 $Sa(T)$ 之间的相关系数变化趋势基本相同，整体呈中度相关，但在周期 T 趋于 10s 时，AI 与 $Sa(T)$ 表示为负相关。

（6）显著持时 D_{s575} 和 D_{s595} 与其他 IM 之间的相关性较弱或为负相关，D_{s595} 的相关系数略高于 D_{s575}；D_{s575} 和 D_{s595} 与 $Sa(T)$ 之间的相关系数随着周期的变大而逐渐增加，趋于 0。

（7）本章相关系数结果与现有研究的变化趋势几乎相同，但本章的相关系数大多数都小于现有研究；本章以连续分段函数形式建立的相关系数预测模型与观测到的相关系数之间拟合程度较好。

（8）EPA、EPV、EPD 的间接预测方程能够有效给出中位值和对数标准差，并且遵循多元对数正态分布的假设。

第 3 章　水平和竖向地震动谱型
参数相关性分析

3.1　引言

　　谱型参数是地震动的一个重要特性，同时，谱型参数的相关性是地震动联合发生的重要组成部分。目前已有研究关注水平地震动谱型参数相关性分析，较少有针对竖向地震动谱型参数相关性以及水平和竖向地震动谱型参数相关性的研究。本章主要进行竖向和竖向地震动谱型相关性及水平和竖向地震动谱型参数相关性分析，分析竖向地震动谱型参数间相关系数及水平和竖向地震动之间谱型参数相关系数，在此基础上，将所求的经验相关系数与参数化相关系数进行比较，进一步扩展参数化相关系数的广泛适用性。

3.2　基于 NGA-West2 模型的水平和竖向谱型参数计算

3.2.1　谱型参数计算理论

　　谱型参数是反映反应谱的真实值与预测值之间差异性的标准化变量，其定义为[113]：

$$\varepsilon(T^*) = \frac{\ln Sa(T^*) - \mu_{\ln Sa}(M, R, T^*)}{\sigma_{\ln Sa}(T^*)} \tag{3.1}$$

式中，$\ln Sa(T^*)$ 是地震动在感兴趣周期 T^* 处谱加速度的对数值；$\mu_{\ln Sa}(M, R, T^*)$ 和 $\sigma_{\ln Sa}(T^*)$ 是利用地震动预测方程计算的谱加速度对数均值和对数标准差，此值和地震动震级（M）和距离（R）等参数有关。

3.2.2　水平和竖向地震动谱型参数计算

　　本书采用 Matlab 程序，基于公式（3.1），计算了第 2 章基于 CB14 水平地震动预测方程和 BC16 竖向地震动预测方程筛选后的水平和竖向地震动谱型参数，为本章的研究提供数据基础。

3.3　竖向谱型参数相关性分析

对于每个感兴趣的 IM，使用以下包含混合效应公式计算事件内和事件间的残差[114]：

$$\ln IM = f(Rup，Site) + \varepsilon_t \sigma_t(Rup，Site) \tag{3.2}$$

式中，$f(Rup，Site)$ 表示 $\ln IM$ 预测中位值的变量函数，该函数与地震破裂参数和场地参数有关；ε_t 表示确定的地震动的标准化总残差，$\sigma_t(Rup，Site)$ 表示 $\ln IM$ 的总标准差。

$\varepsilon_t \sigma_t$ 表示的总残差通常分为两个独立的项，即事件内残差和事件间残差，可表示为：

$$\varepsilon_t \sigma_t = \varepsilon\sigma + \eta\tau \tag{3.3}$$

式中，ε 和 η 是标准化的事件内残差和事件间残差，σ 和 τ 是事件内和事件间的标准差，是由水平和竖向 GMPE 计算得到。在两个不同周期 T_i 和 T^* 地震动的谱型参数之间的相关系数可用以下公式计算：

$$\rho[\varepsilon_t(T_i)，\varepsilon_t(T^*)] = \frac{1}{\sigma_t(T_i)\sigma_t(T^*)}$$
$$[\rho_{\eta(T_i)，\eta(T^*)}\tau(T_i)\tau(T^*) + \rho_{\varepsilon(T_i)，\varepsilon(T^*)}\sigma(T_i)\sigma(T^*)] \tag{3.4}$$

本节首先基于式（3.4）计算竖向谱型参数相关系数，分析竖向和竖向地震动之间的谱型参数相关性，结果如图 3.1 所示，具体详值见附录 B.1。图 3.1 显示了基于 BC16 竖向 GMPE 计算的从 0.01 到 10s 周期间的 $SA_V\text{-}SA_V$ 相关系数等

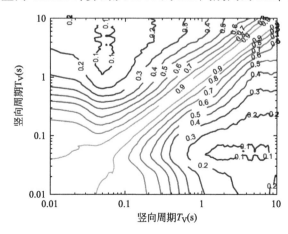

图 3.1　周期范围为 0.01s 到 10s 的 $SA_V\text{-}SA_V$ 相关系数的等高线图

高线图，由于任意一组 $SA_V(T_i)$-$SA_V(T^*)$ 都会与逆向对 $SA_V(T^*)$-$SA_V(T_i)$ 产生相同的相关系数值，所以 SA_V-SA_V 的相关关系是对称的[46]。图 3.1 中的结果显示，竖向和竖向地震动之间的谱加速度在间隔较近的周期内相关性较强，在间隔较远的周期内相关性较弱。

　　将本节基于 BC16[109] 计算的 $SA_V(T_i)$-$SA_V(T^*)$ 相关系数值与 Kohrangi 等人[46] 基于 SBSA16[49] 和 GKAS17[44] 竖向 GMPE 计算的 $SA_V(T_i)$-$SA_V(T^*)$ 相关系数模型进行了比较，结果如图 3.2 和图 3.3 所示，基于 BC16、GKAS17 和 SBSA16 分别计算的四种不同特定 T_i 周期的 $SA_V(T_i)$-$SA_V(T^*)$ 的相关系数

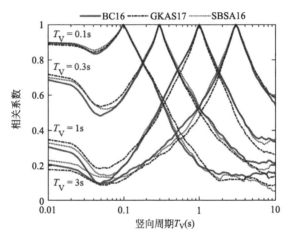

图 3.2　基于 BC16、GKAS17 和 SBSA16 三种不同 GMPE 计算的
$SA_V(T_i)$-$SA_V(T^*)$ 相关系数比较

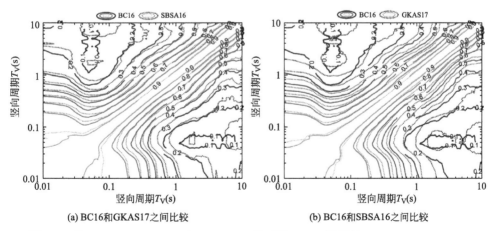

(a) BC16和GKAS17之间比较　　　　　(b) BC16和SBSA16之间比较

图 3.3　基于 BC16、GKAS17 和 SBSA16 三种不同 GMPE 计算的 $SA_V(T_i)$-$SA_V(T^*)$
相关系数的等高线图比较

值，其中 T^* 周期为 0.01s 至 10s，结果如图 3.2 所示。将 0.01s 到 10s 周期间的 $SA_V(T_i)\text{-}SA_V(T^*)$ 相关系数等高线图和 Kohrangi 等人计算的 $SA_V(T_i)\text{-}SA_V(T^*)$ 等高线图进行了比较，其中分别包括了 BC16-SBSA16 和 BC16-GKAS17 两组 GMPE 对比，结果如图 3.3 所示。上述图 3.2 和图 3.3 均显示，基于不同竖向 GMPE 和相应竖向地震动记录计算的相关系数模型数值大小和变化趋势基本一致，竖向和竖向地震动谱加速度的相关系数模型对所选择的竖向 GMPE 不敏感。本书计算的 $SA_V\text{-}SA_V$ 相关系数模型可以应用于后续水平和竖向地震动的联合发生研究中。

3.4 水平和竖向谱型参数相关性分析

3.4.1 水平和竖向谱型参数相关系数计算

本节基于式（3.4）将计算出水平和竖向谱型参数的相关系数，分析水平和竖向地震动之间的谱型参数相关性，具体结果详见附录 B.2。基于 CB14-BC16 水平和竖向 GMPE 在 0.01s 到 10s 周期范围内计算的 $SA_V\text{-}SA_H$ 相关系数等高线如图 3.4 所示，结果显示：水平和竖向地震动之间的谱加速度在间隔较近的周期内相关性较高，在间隔较远的周期内相关性较弱；同时，$SA_V\text{-}SA_H$ 的相关系数的等高线图显示了相关系数值的一些不对称性，这可能是由于生成 GMPE 时不能完美回归地震动记录所导致[46]。

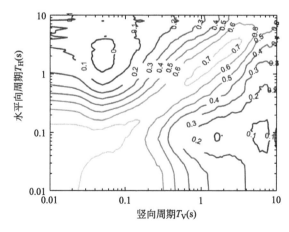

图 3.4 周期范围为 0.01 到 10s 的 $SA_V\text{-}SA_H$ 相关系数的等高线

将本章基于 CB14-BC16 GMPE 计算的 $SA_V\text{-}SA_H$ 的相关系数值和 Kohrangi 等人基于 ASK14-GKAS17 GMPE 及 BSSA14-SBSA16 GMPE 计算的 $SA_V\text{-}SA_H$ 的相关系数值之间进行比较，结果如图 3.5 所示，结果显示：本章基于 CB14-

BC16 GMPE 计算的相关系数值与 Kohrangi 等人分别基于 ASK14-GKAS17 GMPE 以及 BSSA14-SBSA16 GMPE 计算的相关系数值有着相同趋势。基于上述结果，可以得出结论：基于不同的水平和竖向 GMPE 模型和相应水平和竖向地震动记录计算的水平和竖向相关系数模型之间变化趋势差异不大，水平和竖向地震动谱加速度的相关系数模型对所选择的水平和竖向 GMPE 不敏感，本章计算的 SA_V-SA_H 相关系数模型可以应用于后续水平和竖向地震动的联合发生研究。

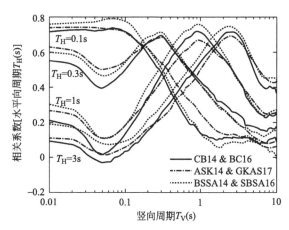

图 3.5　基于 BC16、GKAS17 和 SBSA16 三种不同 GMPE 计算的
$SA_V(T_i)$-$SA_H(T^*)$ 相关系数比较

3.4.2 SA_V-SA_{H_RotD50} 和 SA_V-$SA_{H\_RotD100}$ 相关系数的比较

水平向 SA 包含 RotD50 和 RotD100 两种不同合成方法[34]，为了研究水平向 SA 组合的不同定义对 SA_V-SA_H 相关系数模型的影响，本节进行了 SA_V-SA_{H_RotD50} 和 SA_V-$SA_{H\_RotD100}$ 相关系数的比较。SA_V-SA_H 在多分量水平地震动定义下的 SA_V-SA_{H_RotD50} 和 SA_V-$SA_{H\_RotD100}$ 相关系数比较的结果如图 3.6 所示，研究表明：SA_V-SA_{H_RotD50} 和 SA_V-$SA_{H\_RotD100}$ 的相关系数基本一致，可以得出结论：对于上述两种水平向 SA 组合的定义，水平和竖向地面运动的谱加速度的相关系数模型基本一致，进一步扩展了本书中计算的 SA_V-SA_H 相关系数模型适用范围。

3.4.3 有限样本量下水平和竖向相关系数的不确定性

正如一些类似的研究所指出[28]：相关系数通常是由有限样本量计算出来的点估计值，因此，量化其不确定性对于后续研究至关重要。基于自举法[115] 对 $T_{HGM}=T_{VGM}$ 事件内、事件间和总残差的相关系数进行 95% 置信区间评估，结果如图 3.7 所示，对于事件内的相关系数估计，基于 Fisher z-transform[108] 得到了类似的结果，结果表明：对于事件内残差，相关系数的置信区间较窄；事件间

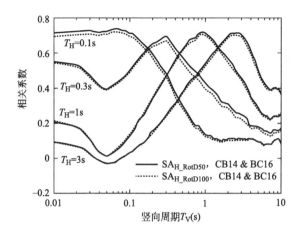

图 3.6 SA_V-SA_{H_RotD50} 相关系数和 SA_V-$SA_{H\_RotD100}$ 相关系数的比较

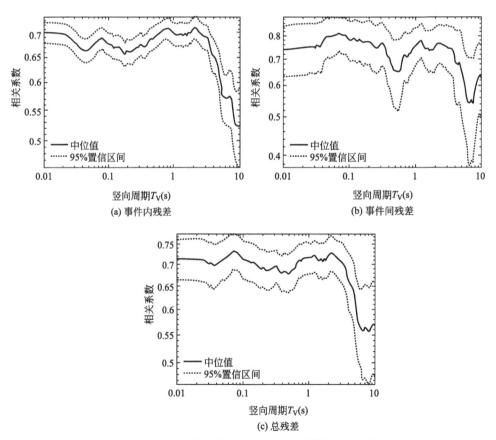

图 3.7 用 95% 的置信区间表示基于抽样方法得到的
$T_{HGM} = T_{VGM}$ 的有限样本量估计的相关系数的不确定性

残差，置信区间较宽；而对于总残差，置信区间较宽；在长周期内，因地震动样本量的减少，相关系数值的不确定性较大。但总体来说，相关系数置信区间仍然是可接受的，因此，可得出结论：本书通过 CB14-BC16 GMPE 得到的相关系数具有可接受的不确定性，可应用于后续研究水平和竖向地震动的联合发生。

3.5　相关系数参数化模型

3.5.1　竖向谱型参数相关系数参数化模型

为了广泛应用 SA_V-SA_V 相关系数模型，Kohrangi 等人[46] 遵循了 Baker 和 Jayaram 采用的函数形式[20]，并根据 SBSA16 和 GKAS17 GMPE 的经验相关系数重新拟合了函数值，建立了 SA_V-SA_V 相关性参数模型。Kohrangi 等人提出，两个不同周期 T_{V1} 和 T_{V2} 的竖向和竖向地震动之间谱加速度的相关系数可以表示为[46]：

$$\rho(T_{V1}, T_{V2}) = \begin{cases} C_2, & T_{max} < 0.072 \\ C_1, & T_{max} \geqslant 0.072 \text{ and } T_{min} > 0.072 \\ \min(C_2, C_3), & 0.072 \leqslant T_{max} < 0.2 \text{ and } T_{min} \leqslant 0.072 \\ C_3, & \text{otherwise} \end{cases}$$

(3.5)

式中，$T_{max} = \max(T_{V1}, T_{V2})$，$T_{min} = \min(T_{V1}, T_{V2})$，$C_1$、$C_2$ 和 C_3 的预测公式为：

$$C_1 = 1 - \cos\left(\frac{\pi}{2} - 0.384\ln(T_{max}/\max(T_{min}, 0.072))\right)$$

$$C_2 = \begin{cases} 1 - 0.166\left(1 - \dfrac{1}{1 + e^{100T_{max} - 3.745}}\right)\left(\dfrac{T_{max} - T_{min}}{T_{max} - 0.0067}\right) & \text{if } T_{max} < 0.2 \\ 0.0 & \text{if } T_{max} \geqslant 0.2 \end{cases}$$

$$C_3 = C_1 + 0.5(\sqrt{C_1} - C_1)\left(1 + \cos\left(\frac{\pi T_{min}}{0.072}\right)\right)$$

(3.6)

将本章基于 BC16 GMPE 计算的经验相关系数和 Kohrangi 等人基于参数化预测方程计算的参数化相关系数进行比较，结果如图 3.8 所示，研究表明：本章计算的经验相关系数与 Kohrangi 等人的参数化预测相关系数之间存在微小差异，主要体现在不太重要的边缘区域上，即竖向和竖向地震动的间隔较远周期、且相关性较低的区域。上述研究结果表明，本章中使用的 BC16 经验模型与 SBSA16 和 GKAS17 GMPEs 拟合的参数预测模型变化趋势一致，这进一步扩展了该参数预测方程在未来研究中广泛的适用性。

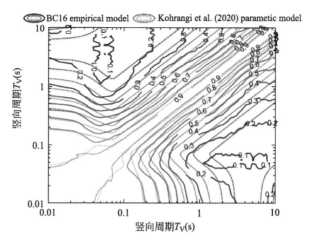

图 3.8　基于 BC16 GMPE 和 Kohrangi 参数化模型的 SA_V-SA_V 相关系数比较

3.5.2　水平和竖向谱型参数相关系数参数化模型

为了方便 SA_V-SA_H 相关系数模型被广泛应用，Kohrangi 等人根据 ASK14-GKAS17 GMPE 中的经验相关系数值建立了 SA_V-SA_H 相关性参数化模型，Kohrangi 等人提出，不同周期 T_H 和 T_V 的 SA_V-SA_H 相关系数可以按以下形式计算[46]：

$$\rho(T_V, T_H) = \rho_0(T_{\max}) \cdot$$

$$\begin{cases} \left[1 - 0.25 \cdot c + 0.25 \cdot c \cdot \cos\left(\dfrac{\pi \cdot \ln(T_{\min}/T_{\max})}{\ln(T_{\max}/T_{0.10})}\right)\right], & T_{\min} > 0.10\mathrm{s} \\[3mm] \left[1 - 0.44 \cdot c - 0.06 \cdot c \cdot \cos\left(\dfrac{\pi \cdot \ln\left(\max\left(\dfrac{T_{\min}}{0.10}, 0.014\right)\right)}{\ln\left(\max\left(\dfrac{T_{\max}}{0.10}, 7.14\right)\right)}\right)\right], & T_{\min} \leqslant 0.10\mathrm{s} \end{cases}$$

$$(3.7)$$

式中，$T_{\max} = \max(T_V, T_H)$，$T_{\min} = \min(T_V, T_H)$，而 $\rho_0(T)$ 和拟合系数 c 为：

$$\rho_0(T) = \begin{cases} 0.70 + 0.028 \cdot \cos\left(\dfrac{\pi}{2} + \pi \cdot \dfrac{\ln(\max(T, 0.036)/0.14)}{2.76}\right), & T \leqslant 2.23 \\[3mm] 0.60 + 0.10 \cdot \cos[-0.62 \cdot \pi \cdot \ln(T/2.23)], & T > 2.23 \end{cases}$$

$$(3.8)$$

$$c = 1 - \cos\left((\pi/3.67) \cdot \min\left(2.94, \ln\left(\max\left(\dfrac{T_{\max}}{0.10}, 1.0\right)\right)\right)\right) \quad (3.9)$$

本章基于 CB14-BC16 GMPE 计算的经验相关系数与 Kohrangi 等人基于参数预测方程中得到的相应相关系数比较如图 3.9 所示，结果显示：本章计算的经验相关系数与 Kohrangi 等人的参数化预测相关系数之间存在微小差异，主要体现在不太重要的边缘区域，即水平和竖向地震动的间隔较远周期、且相关性较低的区域。上述研究结果表明：本章基于 CB14-BC16 GMPE 计算的经验模型与 Kohrangi 等人提出的参数化模型非常吻合，所以，Kohrangi 等人开发的参数化预测方程可以预测本章基于 CB14-BC16 GMPE 的计算相关系数模型，进一步扩展了该参数预测方程在未来研究中广泛的适用性。

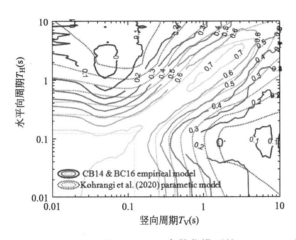

图 3.9 基于 CB14-BC16 GMPE 和 Kohrangi 参数化模型的 SA_V-SA_H 相关系数比较

3.6 本章小结

本章基于谱型参数计算公式，采用水平向 CB14 GMPE 和竖向 BC16 GMPE，计算了 NGA-West2 地震动数据库的水平和竖向地震动记录谱型参数，用于水平和竖向地震动谱型参数相关性分析，得到以下结论：

（1）竖向和竖向地震动之间及水平和竖向地震动之间的谱加速度在间隔较近的周期内相关性较高，在间隔较远的周期内相关性较弱。

（2）基于不同的 GMPE 模型计算的相关系数模型变化趋势差异不大，相关系数模型对所选择的 GMPE 不敏感。本章计算的 SA_V-SA_V 和 SA_V-SA_H 相关系数模型可应用于后续水平和竖向地震动的联合发生研究。

（3）SA_V-SA_{H_RotD50} 和 SA_V-$SA_{H\_RotD100}$ 的相关系数基本一致，进一步扩展本研究计算的 SA_V-SA_H 相关系数模型适用范围。

（4）确定了有限样本量下水平和竖向相关系数的不确定性：虽然事件内残

差、事件间和总残差的相关系数置信区间宽窄范围有所不同，但总体来说，相关系数置信区间仍然较窄。因此可以说明，本章中通过 CB14-BC16 GMPE 得到的相关系数具有可接受的不确定性，可应用于后续水平和竖向地震动的联合发生研究。

（5）Kohrangi 等人提出的参数化预测方程可以预测本章基于 CB14-BC16 GMPE 计算的相关系数模型，进一步扩展了该参数化预测方程在未来研究中广泛的适用性。

第 4 章　水平和竖向地震动谱型参数联合分布验证

4.1　引言

本书第 3 章分析了水平和竖向地震动谱型参数的相关性，给出了竖向谱型参数相关系数模型及水平和竖向谱型参数相关性系数模型。由于计算出的相关系数模型通常用于模拟水平和竖向地震动谱加速度的联合发生，而水平和竖向地震动谱型参数联合分布模型也是水平和竖向地震动谱加速度的联合发生基础之一，因此对其谱型参数联合分布验证也至关重要。一个常见的假设是地震动强度参数的联合分布假设服从多元正态分布，其合理性在以前的文献中已经被一些学者所验证：Jayaram 和 Baker 对水平地震动谱型参数服从多元正态联合分布进行了验证[25]；Bradley 对水平地震动强度参数服从多元正态联合分布进行了验证[27][50]；Papadopoulos 等对主余震谱型参数服从多元正态联合分布进行了验证[38]。基于以上所述，本章主要基于一种定性方法和一系列定量方法，对竖向地震动谱型参数及水平和竖向地震动谱型参数是否均服从多元正态联合分布进行验证。

4.2　验证的基本方法

已有关于联合分布模型验证的文献（Jayaram 和 Baker[25]；Bradley[27][50]；Papadopoulos 等[38]）表明：谱型参数的联合分布验证包括事件内和事件间谱型残差两部分。

为了严格验证事件内和事件间残差的联合分布是否服从多元正态分布，应该对残差在所有可能的不同周期组合（如所有周期组合、三个不同周期组合等）分别进行多元正态联合分布验证，但根据实际验证目的和要求，对不同周期组合计算的残差进行联合分布统计验证就满足要求，所以本书根据 Jayaram 和 Baker 的建议[25]，选择了以下周期组合：（a）$T = \{1.0, 2.0\}$ s；（b）$T = \{0.5, 0.75, 1.0, 1.5, 2.0\}$ s；（c）$T = \{0.5, 1.0, 2.0, 5.0, 7.5\}$ s；（d）$T = \{5.0, 7.5, 10.0\}$ s。如果 X 服从多元正态联合分布，那么任何向量 X 的所有子集都服从多元正态联合分布[110]，所以上述周期组合经统计学验证服从多元正态联合分布，就可以直接推断出其组合的子集（如验证所用的五种周期组合的子集）也服从多元正态联合分布，而不必再次验证。

对事件内和事件间残差的统计验证将采用以下两种方法进行，包括：一种定性方法和一系列定量方法。

4.2.1 定量验证方法

本书采用 Henze-Zirkler 检验[110]、Mardia 的偏度检验[116][117] 和 Mardia 的峰度检验[116]，为数据样本的多元正态性、多元偏度和多元峰度提供了一系列定量验证方法，以验证分析的数据样本是否服从多元正态联合分布。

通过计算上述三个检验的 P 值（P 值小于 5%，说明不支持假设），可以有效地分析数据的多元正态性、多元偏度和多元峰度分布统计量[25]，以此可以验证残差分布是否严格意义上服从多元正态联合分布（峰度和偏度是数据服从多元正态联合分布的验证基础）。

4.2.2 定性验证方法

Henze-Zirkler 检验[110]、Mardia 的偏度检验[116][117] 和 Mardia 的峰度检验[116] 的组合定量验证方法可以验证数据样本是否服从多元（或二元）正态联合分布。然而，定量方法不能直观地提供验证结果。因此，本书基于 Mahalanobis 距离分布的卡方分布图[110]，直观地提供了一种定性的方法来验证数据样本是否服从多元正态联合分布。如果数据样本服从多元（或二元）正态联合分布，那么来自该分布的数据样本的 Mahalanobis 距离将呈卡方分布，因此，分位数-分位数散点将落在斜率 1∶1 线上。样本估计值的边界由 95%置信区间确定，其值可以通过模拟残差的多元（或二元）正态联合分布中相同大小的样本获得，其目的是表明多元（或二元）数据样本估计值的标准误差范围。

应当注意的是：上述的定量和定性方法都应该用于独立样本数据，即样本数据不包括空间相关性，确定不包含空间相关性的独立数据样本方法将在验证过程中进一步讨论。

4.3 竖向地震动谱型参数联合分布验证

4.3.1 竖向地震动事件内残差联合分布验证

本节首先验证竖向地震动的事件内残差是否服从多元正态联合分布。由于地震动的空间相关性影响的原因，地震动将不会相互独立。已有研究文献表明，当地震动记录台站之间的距离超过 10km 时，空间相关性趋近于零[25]。Jayaram 和 Baker[25] 挑选了地震台站之间距离超过 20km 的地震动样本数据，消除了地震动空间相关性的影响。因此，本书为获得独立数据样本，参考 Jayaram 和 Baker 的研究方法[25]，以地震台站之间距离超过 20km 为标准挑选地震动，将 Big Bear City、中国汶川和新西兰 Darfield 等三个地震事件的竖向谱型残差进行组合，并对所得数据集进行多元正态联合分布验证。当周期小于等于 2s 时，筛选得到 46 条地震动记录；当周期小于等于 7.5s 时，筛选得到 34 条地震动记录。上述地震动样本量符合验证假设的合理样本量。在 10s 周期时可用的独立样本数只有 33 条地震动记录，也大于 20 条最小样本量的阈值要求。不同周期事件内残差组合下 SA_V-SA_V 的 Mahalanobis 距离卡方分布图的定性验证结果如图 4.1 所示，地震动样本值几乎都接近红色的 1∶1 线，所有的样本值都包含在 95% 的蓝色虚线范围内，同时还发现，在工程应用中比较重要的 X 值为 6 左右的卡方分布样本值更接近红色 1∶1 线。综上所述，可以得出结论：竖向地震动事件内残差服从多元正态联合分布。

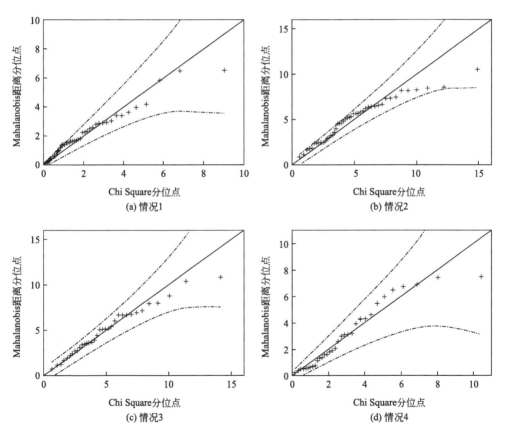

图 4.1　不同周期组合下事件内残差 Mahalanobis 距离的卡方分布图
(a)$T=\{1.0, 2.0\}$s；(b)$T=\{0.5, 0.75, 1.0, 1.5, 2.0\}$s；
(c)$T=\{0.5, 1.0, 2.0, 5.0, 7.5\}$s；(d)$T=\{5.0, 7.5, 10.0\}$s

定量方法验证结果如表 4.1 所示，得到基于 Henze-Zirkler 检验、Mardia 的偏度检验和 Mardia 的峰度检验计算的 P 值结果：情况 1 表示事件内残差的二元正态联合分布验证，在 1s 和 2s 周期组合时得到三种检验的 P 值结果均高于 5%显著性水平，即没有拒绝二元正态联合分布假设；在情况 2 中，选择了 0.5s 和 2s 之间的五个代表短周期的周期组合，Henze-Zirkler 检验和 Mardia 偏度检验计算的 P 值都远远高于 5%，而 Mardia 的峰度检验报告的 P 值仅有 0.07，产生的结果没有拒绝多元正态联合分布假设；对于情况 3 代表中周期的周期组合和情况 4 代表长周期的周期组合，三个检验计算的 P 值均没有在统计学意义上拒绝多元正态联合分布假设。因此，可以得出结论：竖向地震动事件内残差服从多元正态联合分布。

不同周期组合下竖向地震动事件内残差的验证   表 4.1

情况	周期(s)	P_{HZ}	P_{SK}	P_{KT}
1	$T=\{1.0,2.0\}$	0.24	0.27	0.26
2	$T=\{0.5,0.75,1.0,1.5,2.0\}$	0.21	0.42	0.07
3	$T=\{0.5,1.0,2.0,5.0,7.5\}$	0.44	0.82	0.29
4	$T=\{5.0,7.5,10.0\}$	0.38	0.62	0.84

注：P_{HZ}、P_{SK} 和 P_{KT} 分别代表 Henze-Zirkler 检验、Mardia 偏度检验及 Mardia 峰度检验计算的 P 值。

综上所述，基于定性验证方法和一系列定量验证方法可以得出结论：不同周期组合的竖向地震动谱型参数事件内残差服从多元正态联合分布。

4.3.2 竖向地震动谱型参数事件间残差联合分布验证

本节将对多个周期组合的竖向地震动谱型参数事件间残差的联合分布进行验证，当周期为 0.5s 至 7.5s 时，可用于验证的事件间残差的地震动记录从 61 条减少到 37 条，10s 时有 26 条地震动记录，均满足最小样本量的阈值要求。

竖向地震动事件间残差的 Mahalanobis 距离分布卡方分布定性验证结果如图 4.2 所示，结果表明：事件间残差的样本点散布在 1:1 的红线附近，说明多元（或二元）正态联合分布的假设是合理的。基于 Mahalanobis 距离分布的卡方分布图显示，定性的验证结果支持竖向地震动事件间残差服从多元正态联合分布的假设。

竖向地震动事件间残差的定量验证结果如表 4.2 所示：情况 1 代表事件间残差的二元正态联合分布验证，Henze-Zirkler 检验和 kurtosis 偏度检验计算的 P 值结果远高于 5%，但 Mardia 偏度验证结果的 P 值结果只有 0.01，说明事件间残差的分布形状非常不对称，但是从定性验证结果显示（图 4.2a），上述结果并不影响服从二元正态联合分布结果；在情况 2 中，选择了 0.5s 和 2s 之间的代表短周期的五个周期，三个验证结果的 P 值均没有拒绝多元正态联合分布假设；

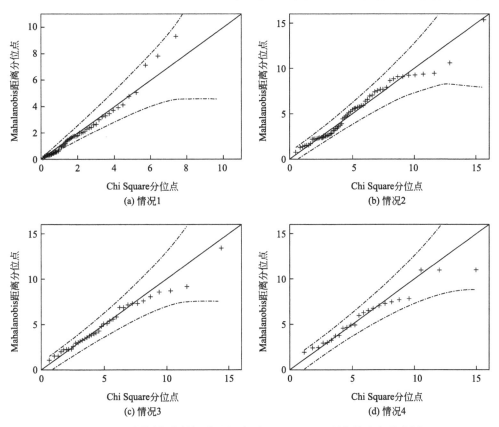

图 4.2　不同周期事件间残差组合下 Mahalanobis 距离的卡方分布图

(a)$T=\{1.0,\ 2.0\}$s；(b)$T=\{0.5,\ 0.75,\ 1.0,\ 1.5,\ 2.0\}$s；

(c)$T=\{0.5,\ 1.0,\ 2.0,\ 5.0,\ 7.5\}$s；(d)$T=\{5.0,\ 7.5,\ 10.0\}$s

情况 3 中，0.5s 到 7.5s 的代表中周期的五个周期，验证结果显示 P 值均没有拒绝多元正态联合分布假设；在情况 4 中，7.5s 到 10s 的三个长周期的事件间残差，验证结果显示 P 值均没有拒绝多元正态联合分布假设。因此，可以得出结论：基于定量方法验证的结果显示，竖向地震动事件间残差值服从多元正态联合分布。

不同周期组合下竖向地震动事件间残差的验证　　　　　表 4.2

情况	周期(s)	P_{HZ}	P_{SK}	P_{KT}
1	$T=\{1.0, 2.0\}$	0.19	0.01	0.20
2	$T=\{0.5, 0.75, 1.0, 1.5, 2.0\}$	0.62	0.55	0.66
3	$T=\{0.5, 1.0, 2.0, 5.0, 7.5\}$	0.22	0.95	0.36
4	$T=\{5.0, 7.5, 10.0\}$	0.73	0.31	0.74

注：P_{HZ}、P_{SK} 和 P_{KT} 分别代表 Henze-Zirkler 检验、Mardia 偏度检验及 Mardia 峰度检验计算的 P 值。

基于以上所述，通过定性验证方法和定量验证方法，可以得出结论，竖向地震动事件间残差服从多元正态联合分布。

4.3.3 竖向地震动谱型参数联合分布验证结论

由于多个周期组合的竖向地震动事件内残差和事件间残差均服从多元联合正态分布假设，因此可以得出结论，竖向地震动的谱型残差服从多元正态联合分布。

竖向地震动谱型参数的多元正态联合分布模型和相关系数模型将为后续研究竖向地震动谱加速度的联合发生提供理论基础。

4.4 水平和竖向地震动谱型参数联合分布

4.4.1 水平和竖向地震动事件内残差联合分布验证

本章接下来研究水平和竖向地震动谱型参数分布假设验证，为获得不包含空间相关性的独立数据样本，参考 Jayaram 和 Baker[25] 的研究方法，以地震台站之间距离超过 20km 为标准挑选地震动，将包括日本 Tottori 和新西兰 Christchurch 的两个地震事件的水平和竖向地震动记录进行组合，观察所得数据集，可发现：当周期小于等于 2s 时，有 36 条地震动记录；当周期小于等于 7.5s 时，有 32 条地震动记录，符合验证假设的合理样本量；在 10s 时，可用的独立样本数有 26 条地震动记录，大于 20 个最小样本量的阈值要求。

定量方法验证的结果如表 4.3 所示：情况 1 代表事件内残差的二元正态联合分布检验；情况 2 代表 0.5~2s 之间的五个代表短周期的周期组合；情况 3 代表周期为 0.5~7.5s 的代表中周期的周期组合；情况 4 代表长周期的周期组合。表 4.3 验证结果表明，在所有情况下，基于 Henze-Zirkler 检验、Mardia 偏度检验和 Mardia 峰度检验计算到的 P 值都远远高于 5%，即多元正态性假设在统计学意义上不能被拒绝。因此，根据 Henze-Zirkler 检验、Mardia 偏度检验和 Mardia 峰度检验的定量验证结果，可以得出结论：水平和竖向地震动的事件内残差服从多元正态联合分布假设。

不同周期组合下水平和竖向地震动事件内残差的验证   表 4.3

情况	周期(s)	P_{HZ}	P_{SK}	P_{KT}
1	$T=\{1.0, 2.0\}$	0.293	0.584	0.223
2	$T=\{0.5, 0.75, 1.0, 1.5, 2.0\}$	0.149	0.592	0.396
3	$T=\{0.5, 1.0, 2.0, 5.0, 7.5\}$	0.445	0.805	0.140
4	$T=\{5.0, 7.5, 10.0\}$	0.195	0.188	0.973

注：P_{HZ}、P_{SK} 和 P_{KT} 分别代表 Henze-Zirkler 检验、Mardia 偏度检验及 Mardia 峰度检验计算的 P 值。

　　为了更直观地验证上述结果，基于 Mahalanobis 距离分布的卡方分布对 SA_V-SA_H 事件内残差的定性验证结果如图 4.3 所示，验证结果表明：所有的样本观测值几乎都沿着红色的 1∶1 线分布，所有的样本观测值都落在 95% 的蓝色虚线范围内，同时还发现，在工程应用中比较重要的 X 值为 6 左右的卡方四分位分布内的观测值更接近红色 1∶1 线。基于以上 Mahalanobis 距离的卡方分布图定性结果表明：水平和竖向地震动事件内残差服从多元正态联合分布。

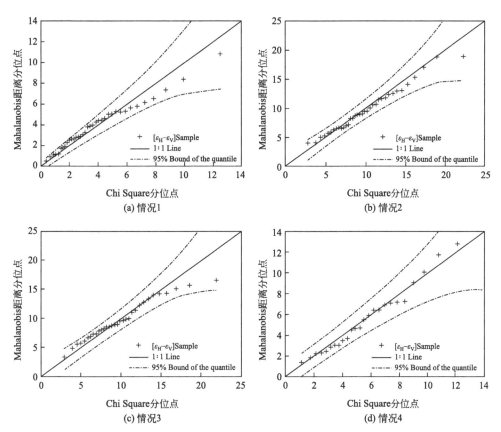

图 4.3　不同周期事件内残差组合下 Mahalanobis 距离的卡方分布图
(a) $T=\{1.0, 2.0\}$s；(b) $T=\{0.5, 0.75, 1.0, 1.5, 2.0\}$s；
(c) $T=\{0.5, 1.0, 2.0, 5.0, 7.5\}$s；(d) $T=\{5.0, 7.5, 10.0\}$s

　　总之，通过一组定量验证方法和定性验证方法，可以得出结论，水平和竖向地震动的事件内残差服从多元正态分布。

4.4.2　水平和竖向地震动事件间残差联合分布验证

　　本节将讨论 SA_V-SA_H 事件间残差的联合分布假设的验证，在 0.5s 到 7.5s 周期范围内，用于验证的事件间残差的样本记录数量从 61 到 22 条不等，虽然在

10s 周期时只有 22 条样本记录，但同样满足最小样本量的阈值要求。

事件间残差的检验结果见表 4.4 和图 4.4。基于多个周期组合的 SA_V-SA_H 事件间残差的定量验证方法结果见表 4.4，包括四种不同的周期组合情况，需要注意的是情况 1 和情况 3 的验证结果：情况 1 代表了对于在 1s 和 2s 获得的事件间残差的二元正态联合分布验证，Henze-Zirkler 检验和 skewness 检验报告的 P 值结果略低于 5%；情况 3 涉及验证 0.5s 到 7.5s 五个不同周期组合的事件间残差值，Henze-Zirkler 检验报告的 P 值也显示多元正态性假设可以被拒绝。对于情况 1 和情况 3，定性方法的测试结果如图 4.4（a）和图 4.4（c）所示，说明事件间残差的四分位数-四分位数大多散布在 1:1 的红线附近，只有 X 值在 6 或 15 左右的卡方分布（这里不可能重点体现在工程应用中）偏离了 1:1 的红线，超过了 95% 蓝色虚线的界限，这可能是由于 GMPE 没有正确捕获一些地震动特征导致[38]。因此，通过一组定量验证方法和定性验证方法，可以得出结论，水平和竖向地震动的事件间残差服从多元正态联合分布假设。

不同周期组合下水平和竖向地震动事件间残差的验证　　表 4.4

情况	周期(s)	P_{HZ}	P_{SK}	P_{KT}
1	$T=\{1.0,2.0\}$	0.037	0.008	0.736
2	$T=\{0.5,0.75,1.0,1.5,2.0\}$	0.318	0.001	0.386
3	$T=\{0.5,1.0,2.0,5.0,7.5\}$	0.034	0.876	0.049
4	$T=\{5.0,7.5,10.0\}$	0.461	0.555	0.397

注：P_{HZ}、P_{SK} 和 P_{KT} 分别代表 Henze-Zirkler 检验、Mardia 偏度检验及 Mardia 峰度检验计算的 P 值。

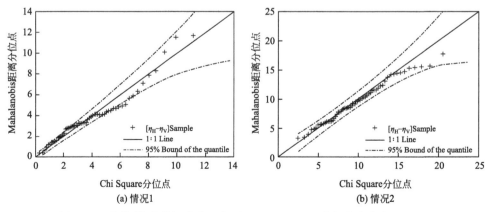

图 4.4　不同周期事件间残差组合下 Mahalanobis 距离的卡方分布图（一）
(a)$T=\{1.0, 2.0\}$s；(b)$T=\{0.5, 0.75, 1.0, 1.5, 2.0\}$s；

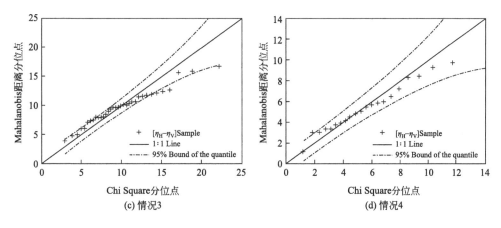

图 4.4　不同周期事件间残差组合下 Mahalanobis 距离的卡方分布图（二）

(c)$T=\{0.5,\ 1.0,\ 2.0,\ 5.0,\ 7.5\}$s；(d)$T=\{5.0,\ 7.5,\ 10.0\}$s

4.4.3　水平和竖向地震动谱型参数联合分布验证结果

由于 SA_V-SA_H 的事件内残差和事件间残差均服从多元正态联合分布，因此可以得出结论：水平和竖向地震动谱型参数服从多元正态联合分布。

水平和竖向相关系数模型和联合分布模型将为后续研究水平和竖向地震动谱加速度的联合发生提供理论依据。

4.5　本章小结

本章基于定性验证方法（Mahalanobis 距离分布卡方分布图）和包括 Henze-Zirkler 检验、Mardia 偏度检验和 Mardia 峰度检验的一系列定量验证方法，对竖向地震动谱加速度的联合分布模型及水平和竖向地震动谱加速度的联合分布模型进行了验证，得到了以下结论：

（1）基于定性验证方法和定量验证方法，验证了竖向地震动的事件内和事件间残差在不同周期服从多元正态联合分布假设，即竖向地震动谱加速度的联合分布在不同周期服从多元正态分布，竖向地震动相关系数模型和联合分布模型将为后续研究竖向地震动谱加速度的联合发生提供理论依据。

（2）基于定性验证方法和定量验证方法，验证了水平和竖向地震动的事件内和事件间残差在不同周期服从多元正态联合分布假设，即水平和竖向地震动谱加速度的联合分布在不同周期服从多元正态分布，水平和竖向相关系数模型和联合分布模型将为后续研究水平和竖向地震动谱加速度的联合发生提供理论依据。

第 5 章　水平和竖向地震动强度 参数间经验相关性分析

5.1　引言

　　水平和竖向地震动 IM 间的经验相关性是实现水平和竖向地震动联合分析的重要纽带。本章基于第 2 章筛选出的三向地震动记录，研究水平-竖向、竖向-竖向 IM 之间的经验相关性及其不确定性，并对水平-竖向、竖向-竖向 IM 的多元正态分布假设进行验证，采用本书第 2 章的分段函数形式建立相关系数预测模型，探讨经验相关系数对地震学参数是否存在潜在依赖性，为后续水平和竖向地震动选取提供研究基础。

5.2　地震动预测方程的选择

　　随着基于性能的抗震设计发展，竖向地震动对结构的影响逐渐受到关注，与水平向地震动的 GMPE 相比，竖向 GMPE 的开发进展相对缓慢（例如 BC16[109]、GKAS16[45] 等），本章分别采用 CB14 和 BC16 对水平向和竖向的 $Sa(T)$、PGA 和 PGV 分布进行估计。

　　对于 ASI、VSI、DSI 和 SI，本章采用 BA10、BA11、BA09 中提出的间接分析方程，对于有效峰值参数 EP（EPA、EPV 和 EPD），本章采用本书第 2 章开发的预测方程，上述预测方程的分布已进行了检验，便于实际应用。但值得注意的是，Bradley 和本书并没有明确这些间接预测方程是针对水平或者竖向建立的，由于这些间接 GMPE 仅是基于 $Sa(T)$ 的 GMPE 进行预测，因此将 $Sa(T)$ GMPE 替换为竖向的数据即可估计出上述 7 个 IM 的竖向分布，在本章中，这些间接预测方程将基于 CB14 和 BC16 模型进行预测。

　　目前，没有针对于竖向 CAV、AI、D_{s575}、D_{s595} 的可用预测方程或者间接预测方法，因此本章并没有将这些 IM 纳入竖向 IM 考虑范围，仅研究水平向 CAV、AI、D_{s575}、D_{s595} 与其余竖向 IM 间的经验相关性。本章依旧采用本书第 2 章采用的水平 CAV、AI、D_{s575}、D_{s595} GMPE，即 CB19 和 AS16 模型。

5.3　多元对数正态分布假设的检验

GCIM 的理论基础为：假设任意 IM 向量遵循多元对数正态分布，继而根据 IM 之间的相关性构建目标 IM 的条件分布。在现有的研究中，已有研究学者对水平向 IM 的多元对数正态分布假设进行了验证：Baker[25] 证明了水平向不同振动周期间 $Sa(T)$ 近似服从多元对数正态分布；Bradley[27] 验证了描述地震动振幅、频谱和累积效应等方面的水平向 IM 也服从多元对数正态分布的性质。为了将 GCIM 理论应用到水平和竖向地震动的联合挑选中，有必要对水平-竖向、竖向-竖向地震动 IM 是否服从多元对数正态分布假设进行验证。

Chi-Square quantile-quantile 图可用于评估多元正态分布，根据观测值与质心的 Mahalanobis 距离来判断样本分布情况[110]，当样本遵循多元正态分布时，样本数据的 Mahalanobis 为 Chi-Square 分布，其样本点在置信区间内，并围绕在 1：1 线附近。本节采用了 Chi-Square quantile-quantile 图对水平-竖向、竖向-竖向 IM 间的多元对数正态分布假设进行验证，部分结果见图 5.1 和图 5.2，可以

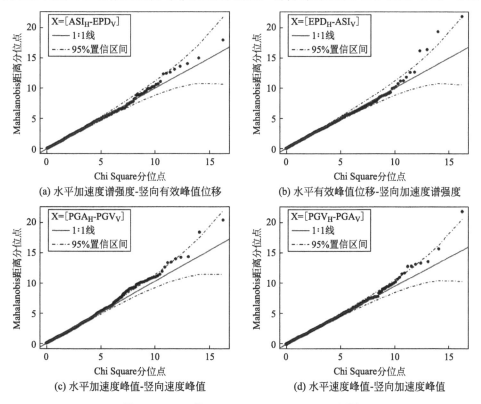

(a) 水平加速度谱强度-竖向有效峰值位移　　(b) 水平有效峰值位移-竖向加速度谱强度

(c) 水平加速度峰值-竖向速度峰值　　(d) 水平速度峰值-竖向加速度峰值

图 5.1　IM_H 的 Chi-Square quantile-quantile 图

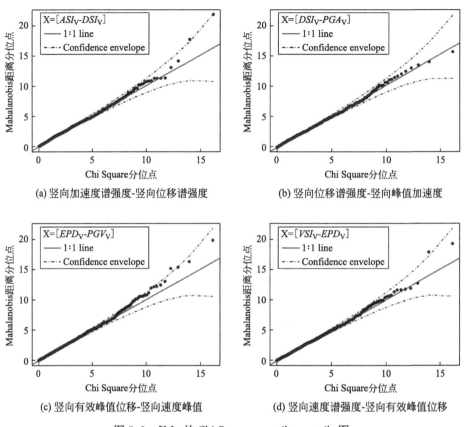

图 5.2 IM_V 的 Chi-Square quantile-quantile 图

看出：水平-竖向、竖向-竖向 IM 总残差的 Mahalanobis 距离分布与理论分布匹配良好，只有相对较少的样本点位于 95％置信区间之外，这可能是因为在同一地震事件内，地震动记录之间存在空间相关性，导致样本不会彼此独立[38]；对于水平和竖向 IM 的其他组合以及多元的情况，也观察到了类似的结果。上述现象总体表明：水平-竖向、竖向-竖向 IM 之间的总残差均近似遵循多元正态分布。

5.4 水平-竖向地震动强度参数间的经验相关性

5.4.1 非 $Sa(T)$ 强度参数间的相关系数

本节基于筛选出的水平和竖向地震动记录，采用经验相关性分析方法和非参数 bootstrap 方法计算了水平和竖向非 $Sa(T)$ 的 IM 之间的相关系数及其不确定性，水平和竖向地震动同种 IM 之间的相关系数结果（即 $IM_{i,H}$-$IM_{i,V}$）见

图 5.3 和表 5.1，可发现：

（1）ASI_H-ASI_V（或 EPA_H-EPA_V）（均为高频 IM）具有最高的相关性，ρ 值分别为 0.812 和 0.811，而 VSI_H-VSI_V（或 EPV_H-EPV_V）和 DSI_H-DSI_V（或 EPD_H-EPD_V）的相关系数逐渐降低（$\rho_{\ln VSI_H, \ln VSI_V} = 0.796$；$\rho_{\ln DSI_H, \ln DSI_V} = 0.756$），产生上述现象的原因可能是，随着 ASI（或 EPA）、VSI（或 EPV）到 DSI（或 EPD）的定义周期上、下限逐渐增加，水平和竖向同周期 $Sa(T)$（$T_H = T_V$）之间的相关性缓慢降低；

（2）在所考虑的 IM 中，PGA_H-PGA_V 和 PGV_H-PGV_V 相关性最低，ρ 值分别为 0.739 和 0.729。

上述结果总体表明：水平和竖向地震动的同种 IM 之间呈中度相关，并且该相关性随着 IM 的定义周期逐渐增长而减小。

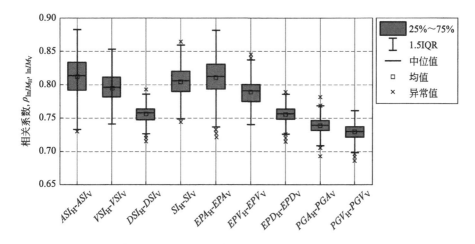

图 5.3　水平和竖向地震动同种 IM 之间的经验相关系数箱型图

采用经验相关性分析方法和非参数 bootstrap 方法，得到了不同水平和竖向 IM 组合的 117 个相关系数中位值以及标准差，相应结果见表 5.1，可发现：

（1）ASI_H（或 EPA_H）与 VSI_V（或 EPV_V）中度相关，与 DSI_V（或 EPD_V）弱相关，上述结果与水平-水平 IM 相关性结果类似。

（2）PGA_H（或 PGA_V）与竖向（或水平）频谱 IM 之间的相关性依然随定义周期的增长而逐渐降低，甚至 PGA_V 与 DSI_H（或 EPD_H）之间几乎不相关（$\rho_{\ln DSI_H, \ln PGA_V} = \rho_{\ln EPD_H, \ln PGA_V} = -0.005$），$PGV_H$（或 PGV_V）与竖向（或水平）中频 IM 之间相关性较高。

（3）CAV_H 和 AI_H 与竖向频谱 IM 之间的相关性随着定义周期的增长而降低。

水平和竖向地震动 IM（除 $Sa(T)$ 以外）之间相关系数中位数及其标准差

表 5.1

$\rho_{50}(\sigma_b)$	ASI_H	VSI_H	DSI_H	SI_H	EPA_H	EPV_H	EPD_H	CAV_H	AI_H	D_{s575H}	D_{s595H}	PGA_H	PGV_H
ASI_V	0.812 (0.028)	0.591 (0.049)	0.174 (0.024)	0.535 (0.053)	0.809 (0.029)	0.499 (0.054)	0.173 (0.024)	0.674 (0.042)	0.713 (0.041)	−0.165 (0.036)	−0.145 (0.036)	0.593 (0.057)	0.368 (0.048)
VSI_V	0.643 (0.047)	0.796 (0.020)	0.566 (0.017)	0.799 (0.022)	0.634 (0.048)	0.780 (0.018)	0.565 (0.017)	0.521 (0.056)	0.515 (0.059)	−0.191 (0.036)	−0.17 (0.035)	0.374 (0.038)	0.576 (0.054)
DSI_V	0.283 (0.023)	0.508 (0.019)	0.756 (0.011)	0.538 (0.018)	0.280 (0.023)	0.529 (0.018)	0.755 (0.011)	0.385 (0.022)	0.329 (0.022)	0.024 (0.027)	0.024 (0.027)	0.197 (0.024)	0.612 (0.017)
SI_V	0.613 (0.052)	0.797 (0.021)	0.624 (0.015)	0.804 (0.021)	0.604 (0.054)	0.788 (0.017)	0.624 (0.015)	0.522 (0.058)	0.495 (0.064)	−0.169 (0.036)	−0.138 (0.035)	0.338 (0.037)	0.595 (0.056)
EPA_V	0.813 (0.029)	0.586 (0.049)	0.171 (0.023)	0.530 (0.053)	0.811 (0.029)	0.498 (0.052)	0.171 (0.024)	0.678 (0.041)	0.716 (0.041)	−0.16 (0.035)	−0.145 (0.036)	0.596 (0.054)	0.369 (0.050)
EPV_V	0.553 (0.054)	0.784 (0.022)	0.619 (0.015)	0.793 (0.021)	0.543 (0.055)	0.789 (0.018)	0.619 (0.016)	0.451 (0.058)	0.442 (0.065)	−0.169 (0.033)	−0.146 (0.032)	0.286 (0.031)	0.580 (0.047)
EPD_V	0.283 (0.023)	0.508 (0.019)	0.755 (0.011)	0.538 (0.018)	0.280 (0.023)	0.529 (0.018)	0.755 (0.011)	0.385 (0.021)	0.33 (0.022)	0.024 (0.026)	0.023 (0.028)	0.197 (0.023)	0.612 (0.017)
PGA_V	0.555 (0.040)	0.208 (0.023)	−0.005 (0.025)	0.180 (0.024)	0.555 (0.039)	0.120 (0.023)	−0.005 (0.026)	0.553 (0.034)	0.572 (0.037)	−0.112 (0.023)	−0.101 (0.023)	0.739 (0.011)	0.278 (0.022)
PGV_V	0.443 (0.042)	0.601 (0.039)	0.637 (0.016)	0.624 (0.037)	0.445 (0.042)	0.601 (0.030)	0.637 (0.015)	0.451 (0.034)	0.44 (0.036)	−0.163 (0.026)	−0.175 (0.024)	0.451 (0.018)	0.729 (0.012)

（4）D_{s575_H} 和 D_{s595_H} 与其他 IM 之间几乎呈负相关，只与 DSI_V 和 EPD_V 之间的相关系数为正数，但十分接近 0（$\rho_{\ln D_{s595H},\ln DSI_V}=0.024$）。

上述结果总体表明：水平-竖向 IM 相关性结果与第 2 章中水平-水平 IM 相关性类似，对于两种情况（$IM_{i,H}$-$IM_{j,V}$ 和 $IM_{j,H}$-$IM_{i,V}$），相关系数的值大致相同，最大差值不超过 0.1。

5.4.2　IM 与不同周期 $Sa(T)$ 间的相关系数

本节基于水平和竖向地震动记录，采用经验相关性分析方法和 Fisher z 变换（考虑由有限样本量导致的不确定性），计算了采用水平和竖向 IM 和 $Sa(T)$ 之间的经验相关系数，相应结果见图 5.4，其中，红色、蓝色实线分别表示两种情况下（即 IM_V-$Sa_H(T)$ 和 IM_H-$Sa_V(T)$）的相关系数中位值，相应颜色的虚线表示 90% 置信区间，可发现：

（1）高频 IM（例如 ASI_H、ASI_V、EPA_H 和 EPA_V 等）与短周期（$T=$ 0.1～0.5s）内 $Sa(T)$ 的相关性相对较高，中、低频 IM（例如 VSI_H、VSI_V、EPD_H 和 EPD_V 等）与其定义周期范围内 $Sa(T)$ 之间的相关性要高于其他周期，与现有研究一致[26][36]；

（2）两种情况下，PGA 与 $Sa(T)$ 之间的相关性均随着周期的增长单调降低，但在 $T=0.2$s 之前，$\rho_{\ln PGA_V,\ln Sa_H}$ 略大于 $\rho_{\ln PGA_H,\ln Sa_V}$，在此之后，后者大于前者且差异逐渐变大；与 PGA 不同的是，$\rho_{\ln PGV_V,\ln Sa_H}$ 在 $T=0.2$s 前与 $\rho_{\ln PGV_H,\ln Sa_V}$ 差异较大，之后，后者略大于前者且数值较为接近；

（3）水平向累积效应 IM（CAV_H 和 AI_H）与 $Sa_V(T)$ 之间的相关系数变化趋势与水平-水平 IM 相关性相似，相关系数随周期的增长而逐渐降低。

整体来看，$\rho_{\ln IM_H,\ln Sa_V}$ 和 $\rho_{\ln IM_V,\ln Sa_H}$ 具有大致相同的趋势，但 $\rho_{\ln IM_V,\ln Sa_H}$ 略高于 $\rho_{\ln IM_H,\ln Sa_V}$，在 $T=0.3$s 之前，$\rho_{\ln IM_V,\ln Sa_H}$ 略高于 $\rho_{\ln IM_H,\ln Sa_V}$，除 PGA 以外，在中周期内，这两种情况的相关系数较为接近，并且随着周期的增长，差异逐渐变大。

本节将上述的相关系数结果与 Kohrangi 等人研究[46]（简称 KPBV（2020））中的相应值进行比较，对比结果见图 5.4（j）～（m），可发现：

（1）本节中的 $\rho_{\ln PGA_H,\ln Sa_V}$ 和 $\rho_{\ln PGV_V,\ln Sa_H}$ 与 KPBV（2020）研究较为接近。

（2）在短周期内，KPBV（2020）中的 $\rho_{\ln PGV_H,\ln Sa_V}$ 略高于本研究（最大差值为 0.21），但总体变化趋势相同，然而两项研究中的 $\rho_{\ln PGA_V,\ln Sa_H}$ 在长周期范围内存在一定的偏差，KPBV（2020）高于本研究（最大差值为 0.37）。

（3）$\rho_{\ln D_{s575H},\ln Sa_V}$ 和 $\rho_{\ln D_{s595H},\ln Sa_V}$ 在 $T=0.5$s 前高于 KPBV（2020），而后低于 KPBV（2020）。

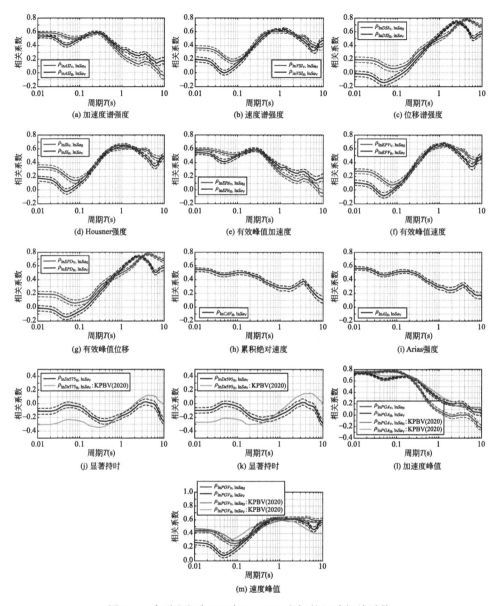

图 5.4　水平和竖向 IM 与 $Sa(T)$ 之间的经验相关系数

　　总体来看，本节中获得的相关性结果与 KPBV（2020）研究整体变化趋势相同，相关系数数值存在较小的差异，这可能是因为使用了不同的水平和竖向地震动记录以及 GMPE 引起的。

　　为了进一步说明本研究的可靠性，本节还将水平和竖向 $Sa(T)$ 的相关系数（基于 CB14 和 BC16）与 KPBV（2020）的相应值（分别基于 ASK14&GKAS16

和 BSSA14&SBSA15）进行比较，对比结果见图 5.5，图中分别包含两种相关系数情况，即 $Sa_H(T)$-$Sa_V(T)$ 和 $Sa_V(T)$-$Sa_V(T)$，可发现：这两项研究中的相关系数变化趋势基本相似，仅在长周期内产生较小的偏差，并且对于竖向地震动来说，长周期内 $Sa_V(T)$ 没有太大的实际工程研究意义。

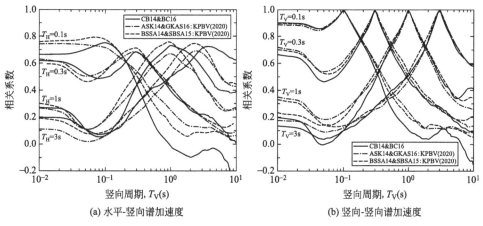

图 5.5　本研究中得到的 $Sa_H(T)$-$Sa_V(T)$ 和 $Sa_V(T)$-$Sa_V(T)$
经验相关系数与 KPBV（2020）对比

5.5　竖向-竖向地震动强度参数间的经验相关性

5.5.1　非 $Sa(T)$ 强度参数间的相关系数

本节基于筛选出的竖向地震动记录，采用上述经验相关性分析和非参数 bootstrap 方法，计算了竖向 9 个非 $Sa(T)$ IM（即 ASI、VSI、DSI、SI、EPA、EPV、EPD、PGA、PGV）之间的相关系数及其不确定性，结果见图 5.6 和表 5.2，可发现竖向-竖向 IM 相关系数情况与第 2 章中水平-水平相似：

（1）对于竖向频谱 IM：ASI 同样与中周期频谱强度 IM（即 VSI、SI、EPV 和 EPD）之间呈中度相关，而与长周期频谱强度 IM（即 DSI 和 EPD）之间呈低相关性，VSI 和 SI 与 DSI 之间也呈中度相关；与有效峰值 IM 有关的相关系数情况也与 ASI、VSI 和 DSI 的相关性情况十分相似，而且与水平向相似的是竖向 EPA-ASI、EPV-DSI 和 EPD-DSI 的相关系数也非常接近 1.0。上述观测结果表明：对于竖向频谱 IM 之间的相关性也主要取决于 IM 的定义周期范围。

（2）对于竖向振幅 IM：PGA 与频谱 IM 中的 ASI 和 EPA 之间依然具有最高的相关性（例如 $\rho_{\ln ASI, \ln PGA}=0.705$），可能由于它们都描述了竖向的高频地面

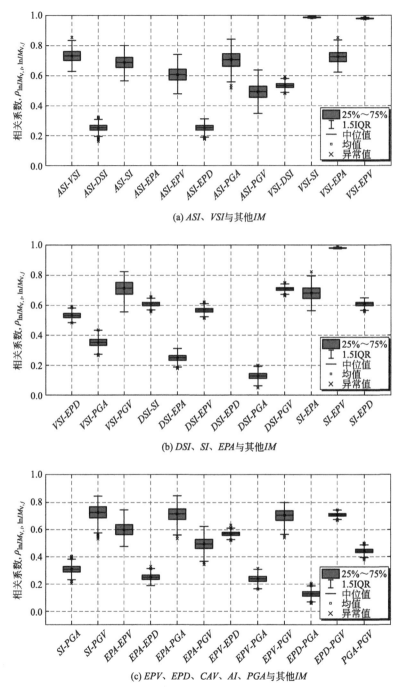

(a) *ASI*、*VSI*与其他*IM*

(b) *DSI*、*SI*、*EPA*与其他*IM*

(c) *EPV*、*EPD*、*CAV*、*AI*、*PGA*与其他*IM*

图5.6　竖向地震动*IM*之间的相关系数箱型图

运动强度，随着定义周期逐渐增长（即 SI、DSI），PGA 与频谱 IM 之间的相关性逐渐降低（$\rho_{\ln PGA, \ln SI} = 0.309$，$\rho_{\ln PGA, \ln DSI} = 0.128$），$PGV$ 与 SI、DSI（或 EPV、EPD）之间具有较高的相关性（例如 $\rho_{\ln PGV, \ln SI} = 0.728$；$\rho_{\ln PGV, \ln DSI} = 0.707$）。

（3）值得注意的是，将第 2 章水平-水平相关系数结果与竖向-竖向相关系数结果对比发现，后者整体低于前者，差值约为 0.1 左右，这可能是因为竖向-竖向 Sa（T）之间的相关系数结果低于水平-水平。

竖向 IM 之间相关系数的中位值和标准差　　　　　　表 5.2

$\rho_{50}(\sigma_b)$	ASI	VSI	DSI	SI	EPA	EPV	EPD	PGA	PGV
ASI	1 (0)	0.73 (0.039)	0.251 (0.023)	0.684 (0.045)	0.999 (0)	0.602 (0.05)	0.249 (0.023)	0.705 (0.06)	0.492 (0.051)
VSI		1 (0)	0.532 (0.018)	0.989 (0.002)	0.723 (0.039)	0.981 (0.002)	0.532 (0.018)	0.354 (0.03)	0.711 (0.056)
DSI			1 (0)	0.609 (0.016)	0.248 (0.024)	0.568 (0.017)	1 (0)	0.128 (0.023)	0.707 (0.013)
SI				1 (0)	0.679 (0.047)	0.983 (0.002)	0.609 (0.016)	0.309 (0.03)	0.728 (0.057)
EPA					1 (0)	0.596 (0.052)	0.249 (0.024)	0.712 (0.056)	0.501 (0.05)
EPV						1 (0)	0.567 (0.017)	0.241 (0.026)	0.705 (0.046)
EPD							1 (0)	0.125 (0.024)	0.708 (0.013)
PGA								1 (0)	0.442 (0.019)
PGV									1 (0)

5.5.2　*IM* 与不同周期 *Sa*（*T*）间的相关系数

基于竖向地震动数据，本节采用上述经验相关性分析和 Fisher z 方法，计算了 9 个竖向 IM 与 $T = 0.01 \sim 10.0s$ 内竖向 Sa（T）之间的相关系数及其不确定性，结果见图 5.7，可发现：

（1）与水平向相似地，竖向频谱 IM 与其定义周期范围内的 Sa（T）高度相关，竖向有效峰值 IM（即 EPA、EPV 和 EPD）依然与 Sa（T）之间的相关系数变化情况与 ASI、VSI、DSI 和 SI 几乎一致；

（2）在短周期内，竖向 PGA 与 Sa（T）之间存在较高的相关系数，然而其

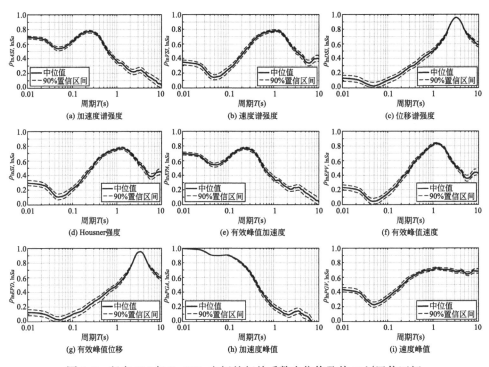

图 5.7　竖向 IM 与 $Sa(T)$ 之间的相关系数中位值及其 90% 置信区间

相关性随着周期的增长逐渐变弱，趋于不相关，PGV 与中、长周期内 $Sa(T)$ 的相关性最高。

5.6　经验相关系数预测模型的建立

　　本章 5.4 节、5.5 节从 NGA-West2 数据库的 CB14 和 BC16 模型中获得了水平-竖向、竖向-竖向 IM 相关系数中位值以及标准差，为了将这些相关系数结果应用于实际，本节依旧采用第 2 章中的分段函数形式来建立相关系数预测模型。

　　本节观察并拟合了水平-竖向、竖向-竖向 IM 和 $Sa(T)$ 之间的经验相关系数中位值，建立预测模型，包含三种情况，分别为 IM_V-$Sa_H(T)$、IM_H-$Sa_V(T)$ 和 IM_V-$Sa_V(T)$。所有细节（分段点 e_n 和拟合参数 a_n、b_n、c_n、d_n）见附录 A 表 A-2 和表 A-3。同样地，为了说明水平-竖向 IM 相关系数模型的预测能力，本节将该预测模型与观测到的相关系数结果进行对比，结果见图 5.8 和图 5.9，可发现：该预测模型拟合程度，也没有出现由于有限样本量引起的突变值，与第 2 章结果类似。另外，水平-竖向非 $Sa(T)$ IM、竖向-竖向非 $Sa(T)$ IM 之间的相关系数中位值分别列于表 5.1 和表 5.2 中。

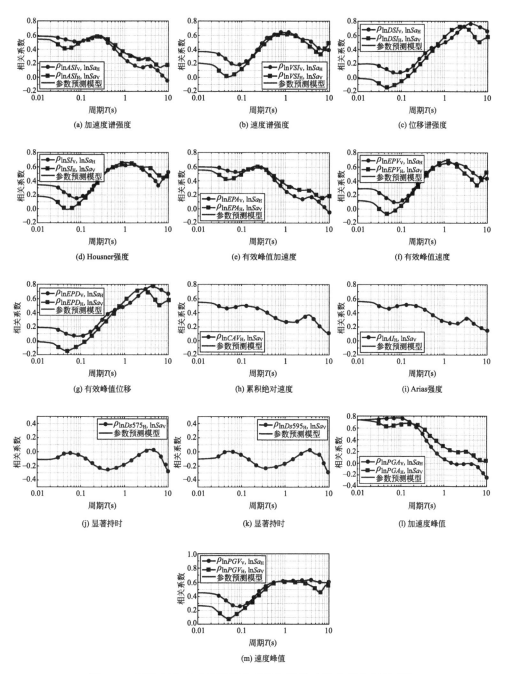

图 5.8　水平-竖向 *IM* 经验相关系数与连续参数方程之间的对比

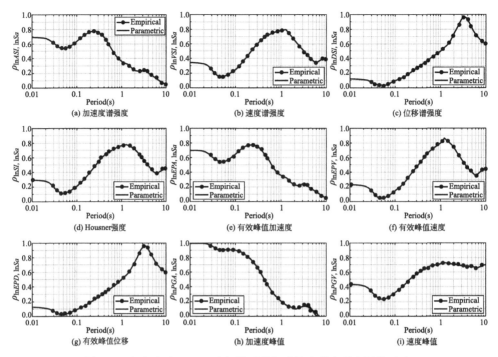

图 5.9　竖向-竖向 *IM* 经验相关系数与连续参数方程之间的对比

5.7　相关系数的潜在依赖性

由于本研究开发的相关系数模型是基于特定地震学参数范围内的地震动子集（$M>5$，$R<100km$）建立的，因此需要研究相关系数模型的适用性，本节将讨论第 2 章和本章中观测到的水平-水平、水平-竖向、竖向-竖向 *IM* 间的经验相关系数对地震学参数（即震级 M_w、断层距 R_{rup} 和剪切波速 V_{S30}）是否存在潜在依赖性。

为了系统地讨论 M_w、R_{rup} 和 V_{S30} 对 *IM* 间相关系数的影响，本节首先将震级 M_w 范围设置为 3～7.5、断层距 R_{rup} 范围设置为 0～100km、V_{S30} 范围设置为 200～750m/s，由于显著持时 *IM* 主要适用于强度高的地震动[34]，因此 D_{s575} 和 D_{s595} 的震级范围单独设置为 5.5～7.5；然后，在上述三个地震学参数设置范围内，将震级 M_w、断层距 R_{rup} 和 V_{S30} 分别以 0.5、10km 和 100m/s 为单位进行划分，进而形成多个具有不同地震学参数范围的地震动记录子集；最后，基于每个子集，计算不同 *IM* 之间的相关系数，并获得相关系数随 M_w、R_{rup} 和 V_{S30} 的变化趋势。

不同 IM 之间的相关系数随 M_W、R_{rup} 和 V_{S30} 的变化趋势见图 5.10，包括三部分：部分水平-水平 IM 的相关系数结果（图中左列）、水平-竖向 IM 相关系数结果（图中间列）和水平和竖向 IM 与显著持时 IM 的相关系数结果（图中右列），可发现：相关系数模型对 M_W、R_{rup} 和 V_{S30} 没有很强的潜在依赖性，这与 Baker 和 Bradley（2017）的研究一致，KPBV（2020）也得出了类似的结论。

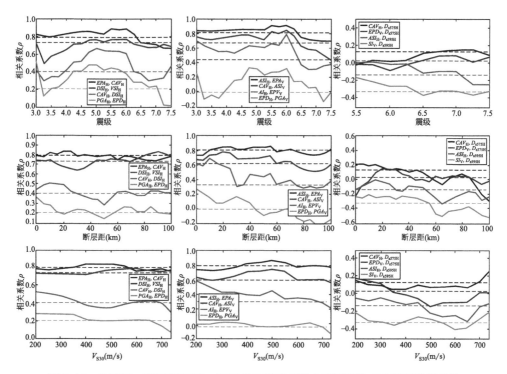

图 5.10　从震级、断层距和 V_{S30} 可变的地震动子集中观测到的 IM 间经验相关性

5.8　本章小结

本章基于 NGA-West2 数据库的三向地震动记录，研究了水平-竖向、竖向-竖向地震动 IM 之间的经验相关性，采用 Fisher z 变换和非参数 bootstrap 方法获得了相关系数的中位值和标准差以考虑其不确定性，分别验证了水平-竖向、竖向-竖向地震动 IM 之间的多元正态分布假设，采用分段函数的形式建立了水平-竖向、竖向-竖向 IM 相关系数预测模型，研究了相关系数的潜在依赖性，得到的主要结论如下：

（1）对于水平-竖向地震动 IM 之间的相关性：同种 IM 之间呈中度相关，并且该相关性随着 IM 的定义周期逐渐增长而减小；水平-竖向 IM 相关性结果与第

2 章中水平-水平 IM 相关性类似，但相关系数值整体小于水平-水平 IM；对于两种情况（$IM_{i,H}$-$IM_{j,V}$ 和 $IM_{j,H}$-$IM_{i,V}$），相关系数的值大致相同，最大差值不超过 0.1；两种情况的相关系数 IM_V-$Sa_H(T)$ 和 IM_H-$Sa_V(T)$ 具有大致相同的趋势，但在 $T=0.3\mathrm{s}$ 之前，$\rho_{\ln IM_V,\ln Sa_H}$ 略高于 $\rho_{\ln IM_H,\ln Sa_V}$（除 PGA 以外）；在中周期内，这两种情况的相关系数较为接近，并且随着周期的增长，差异逐渐变大；本节中获得的相关性结果与 KPBV（2020）研究整体变化趋势相同，相关系数数值存在较小的差异，这可能是因为使用了不同的水平和竖向地震动记录以及 GMPE 引起的。

（2）两种情况的相关系数 IM_V-$Sa_H(T)$ 和 IM_H-$Sa_V(T)$ 具有大致相同的趋势，但在 $T=0.3\mathrm{s}$ 之前，$\rho_{\ln IM_V,\ln Sa_H}$ 略高于 $\rho_{\ln IM_H,\ln Sa_V}$（除 PGA 以外）；在中周期内，这两种情况的相关系数较为接近，并且随着周期的增长，差异逐渐变大；本节中获得的相关性结果与 KPBV（2020）研究整体变化趋势相同，相关系数数值存在较小的差异，这可能是因为使用了不同的水平和竖向地震动记录以及 GMPE 引起的。

（3）对于竖向-竖向地震动 IM 之间的相关性：竖向-竖向 IM 相关系数情况与第 2 章水平-水平十分相似，竖向频谱 IM 之间的相关系数也取决于其定义周期范围，并且与定义周期内的竖向 $Sa(T)$ 高度相关；竖向振幅 IM 与频谱 IM 之间的相关性也与其定义周期有关，PGA 与高频 IM 之间相关性较高，而 PGV 则与中、低频 IM 之间具有较高的相关性。

（4）水平-竖向、竖向-竖向 IM 之间的总残差近似遵循多元正态分布，虽然有少数样本点显示出偏差，这并不影响验证结果的正确性。

（5）本研究观测到的水平-水平、水平-竖向、竖向-竖向 IM 间经验相关系数对震级 M_W、断层距 R_{rup} 和剪切波速 V_{S30} 不存在很强的潜在依赖性。

第6章　水平和竖向地震动向量型
危险性与条件谱生成

6.1　引言

基于本书第 3 章地震动谱型参数相关系数模型和第 4 章地震动谱型参数的联合分布验证结论，本章将研究水平和竖向地震动向量型危险性分析与分解和向量型条件谱生成理论，并结合中国华南地区某核电厂厂址地震危险性资料，给出水平和竖向地震动向量型危险性分析与分解和向量型条件谱生成的具体分析算例。该算例将应用于第 7 章基于向量型条件谱的水平和竖向地震动挑选。

6.2　水平和竖向地震动向量型危险性分析与分解理论

6.2.1　水平和竖向地震动向量型危险性分析理论

已有 Wang 等学者[53] 对中国概率地震危险性分析理论进行了总结介绍，并给出了中国概率地震危险性分析与 Cornell[39] 提出的 PSHA 方法相比的特点。基于中国概率地震危险性理论，结合 VPSHA 的理论，同时基于本书第 3 章计算的相关系数模型和本书第 4 章验证的联合分布模型，则水平和竖向地震动向量型危险性分析理论，可以归纳如下：

水平和竖向地震动平均发生率密度函数可表示为[16][51]：

$$MRD_{Sa_H, Sa_V}(x_1, x_2) = \sum_{i=1}^{N} \nu_i \left\{ \iiint f_{Sa_H, Sa_V}(x_1, x_2 \mid m, r, \theta) f_{M,R,\Theta}(m, r, \theta) \mathrm{d}m\, \mathrm{d}r\, \mathrm{d}\theta \right\}_i$$

$$(6.1)$$

式中，$f_{Sa_H, Sa_V}(x_1, x_2 \mid m, r, \theta)$ 为水平和竖向地震动谱加速度联合发生概率密度函数，基于第 4 章得到的结论，水平和竖向地震动之间谱加速度服从二元正态分布，则可表示为[51]：

$$f_{Sa_H, Sa_V}(x_1, x_2 \mid m, r, \theta) = f_{Sa_H}(x_1 \mid m, r, \theta) f_{Sa_V \mid Sa_H}(x_2 \mid x_1, m, r, \theta)$$

$$(6.2)$$

式中，$f_{Sa_H}(x_1 \mid m, r, \theta)$ 为水平地震动谱加速度的发生概率密度函数，可表示为：

$$f_{Sa_H}(x_1 \mid m, r, \theta) = \frac{1}{x_1 \sigma_{\ln Sa_H \mid x_1, m, r, \theta}} \phi_{Sa_V} \left(\frac{\ln x_1 - m_{\ln Sa_H \mid m, r, \theta}}{\sigma_{\ln Sa_H \mid m, r, \theta}} \right) \quad (6.3)$$

式中，$m_{\ln Sa_H \mid m, r, \theta}$ 和 $\sigma_{\ln Sa_H \mid m, r, \theta}$ 是水平地震动参数 Sa_H 对数值的预测中位值和标准差。

假设竖向地震动的对数谱加速度在水平地震动条件下的发生概率也服从正态分布，则竖向地震动谱加速度的条件发生概率密度函数可表示为[16][51]：

$$f_{Sa_V \mid Sa_H}(x_2 \mid x_1, m, r, \theta) = \frac{1}{x_2 \sigma_{\ln Sa_V \mid x_1, m, r, \theta}} \phi_{Sa_V} \left(\frac{\ln x_2 - m_{\ln Sa_V \mid x_H, m, r, \theta}}{\sigma_{\ln Sa_V \mid x_H, m, r, \theta}} \right)$$

$$(6.4)$$

式中，$m_{\ln Sa_V \mid x_H, m, r, \theta}$ 和 $\sigma_{\ln Sa_V \mid x_H, m, r, \theta}$ 分别是地震动预测方程预测的竖向地震动谱加速度对数在水平条件下的中位值和标准差，可表示为[16][51]：

$$m_{\ln Sa_V \mid x_1, m, r, \theta} = m_{\ln Sa_V \mid m, r, \theta} + \rho_{H,V} \frac{\sigma_{\ln Sa_V \mid m, r, \theta}}{\sigma_{\ln Sa_H \mid m, r, \theta}} (\ln x_1 - m_{\ln Sa_H \mid m, r, \theta}) \quad (6.5)$$

$$\sigma_{\ln Sa_V \mid x_1, m, r, \theta} = \sigma_{\ln Sa_V \mid m, r, \theta} \sqrt{1 - \rho_{H,V}^2} \quad (6.6)$$

式中，$m_{\ln Sa_H \mid m, r, \theta}$ 和 $m_{\ln Sa_V \mid m, r, \theta}$ 分别是水平和竖向地震动参数 Sa_H 和 Sa_V 对数值的预测中位值；$\sigma_{\ln Sa_H \mid m, r, \theta}$ 和 $\sigma_{\ln Sa_V \mid m, r, \theta}$ 是水平和竖向地震动参数 Sa_H 和 Sa_V 对数值的预测标准差；$\rho_{H,V}$ 是水平和竖向地震动谱加速度 Sa_H 和 Sa_V 之间的相关系数，可采用本书第 3 章所求的水平和竖向地震动谱型参数相关系数。

水平和竖向地震动向量型地震危险性平均发生率密度与水平地震动标量地震危险性平均发生率密度关系[16][51] 可表示为：

$$MRD_{Sa_H, Sa_V}(x_1, x_2) =$$

$$\left(\iiint f_{Sa_V \mid Sa_H, M, R, \Theta}(x_2 \mid x_1, m, r, \theta) f_{M, R, \Theta}(m, r, \theta \mid x_1) dm\, dr\, d\theta \right) MRD_{Sa_H}(x_1)$$

$$(6.7)$$

水平和竖向地震动向量型地震危险性可表示为：

$$\lambda_{Sa_H > x_1, \; Sa_V > x_2} = \int_{x_1} \int_{x_2} MRD_{Sa_H, \; Sa_V}(u_1, \; u_2) du_1 du_2 \quad (6.8)$$

6.2.2 水平和竖向地震动向量型危险性分解理论

水平和竖向地震动向量型危险性分解（Vector Seismic Hazard Disaggregation，VSHD）能够分解出各地震源对目标厂址地震危险的相对贡献。基于分解结果得到设定地震 M、设定距离 R 和设定方向角 θ 等分解参数是水平和竖向地震动向量型危险性分解的关键。VSHD 理论可以总结如下[16]：

单位区间平均发生率密度函数可表示为[16]：

$$MRD_{Sa_H,Sa_V,x,y,z}(x_1,x_2) =$$

$$\sum_{i=1}^{N} \nu_i \left\{ \int_{\theta_{z-1}}^{\theta_z} \int_{r_{y-1}}^{r_y} \int_{m_{x-1}}^{m_x} f_{Sa_H,Sa_V}(x_1,x_2 \mid m,r,\theta) f_{M,R,\Theta}(m,r,\theta) \mathrm{d}m\,\mathrm{d}r\,\mathrm{d}\theta \right\}_i$$

$$(6.9)$$

单位区间震级和单位区间距离下地震危险性，可表示为[16]：

$$\lambda_{Sa_H > x_1, Sa_V > x_2, x, y, z} = \int_{x_1} \int_{x_2} MRD_{Sa_H,Sa_V,x,y,z}(u_1,u_2) \,\mathrm{d}u_1 \mathrm{d}u_2 \qquad (6.10)$$

水平和竖向向量型概率地震危险性分解可表示为[16]：

$$\begin{cases} P(m_x \geqslant m \geqslant m_{x-1} \mid Sa_H > x_1, Sa_V > x_2) = \sum_{z=1}^{z_N} \sum_{y=1}^{y_N} \dfrac{\lambda_{Sa_H > x_1, Sa_V > x_2, x, y, z}}{\lambda_{Sa_H > x_1, Sa_V > x_2}} \\[4mm] P(r_y \geqslant r \geqslant r_{y-1} \mid Sa_H > x_1, Sa_V > x_2) = \sum_{z=1}^{z_N} \sum_{x=1}^{x_N} \dfrac{\lambda_{Sa_H > x_1, Sa_V > x_2, x, y, z}}{\lambda_{Sa_H > x_1, Sa_V > x_2}} \\[4mm] P(\theta_z \geqslant \theta \geqslant \theta_{z-1} \mid Sa_H > x_1, Sa_V > x_2) = \sum_{x=1}^{x_N} \sum_{y=1}^{y_N} \dfrac{\lambda_{Sa_H > x_1, Sa_V > x_2, x, y, z}}{\lambda_{Sa_H > x_1, Sa_V > x_2}} \end{cases}$$

$$(6.11)$$

式中，$\lambda_{Sa_H > x_1, Sa_V > x_2}$ 为向量地震危险性，运用全概率公式，对所有震级和距离范围进行了积分运算。$\lambda_{Sa_H > x_1, Sa_V > x_2, x, y, z}$ 为单位区间震级 m，单位区间距离 r 和单位区间方向角 θ 条件下的地震危险性。

水平和竖向向量型平均值设定地震可表示为[16]：

$$\begin{cases} \overline{M} = \sum_{x=1}^{x_N} \sum_{y=1}^{y_N} \sum_{z=1}^{z_N} \dfrac{(m_{x-1}+m_x)}{2} \dfrac{\lambda_{s_j,x,y,z}}{\lambda_{s_j}} \\[4mm] \overline{R} = \sum_{x=1}^{x_N} \sum_{y=1}^{y_N} \sum_{z=1}^{z_N} \dfrac{(r_{y-1}+r_y)}{2} \dfrac{\lambda_{s_j,x,y,z}}{\lambda_{s_j}} \\[4mm] \overline{\Theta} = \sum_{x=1}^{x_N} \sum_{y=1}^{y_N} \sum_{z=1} \dfrac{(\theta_{z-1}+\theta_z)}{2} \dfrac{\lambda_{s_j,x,y,z}}{\lambda_{s_j}} \end{cases}$$

$$(6.12)$$

6.3　水平和竖向地震动向量型条件谱理论

传统条件均值谱是以单个条件周期计算生成的[17][18]，但在某些情况下，某些结构抗震响应可能对多个周期的都比较敏感，因此。有学者提出了向量型条件谱[60]。下面总结介绍水平和竖向地震动向量型条件谱的基本理论和计算公式。

水平和竖向地震动向量型条件谱基于本书第 3 章计算的水平和竖向地震动谱型参数的相关性模型，考虑了水平和竖向地震动谱加速度之间的相关性，且基于本书第 4 章验证的水平和竖向地震动多元正态联合分布模型。因此，以水平和竖向地震动谱加速的联合发生为条件的向量型条件均值谱可表示为：

$$
\mu = \begin{bmatrix} \mu_{\ln Sa(T_{a1})\,|\,\ln IM_{\mathrm{h}}^{*}=X_{\mathrm{h}},\ln IM_{\mathrm{v}}^{*}=X_{\mathrm{v}},m,r} \\ \mu_{\ln Sa(T_{a2})\,|\,\ln IM_{\mathrm{h}}^{*}=X_{\mathrm{h}},\ln IM_{\mathrm{v}}^{*}=X_{\mathrm{v}},m,r} \\ \vdots \\ \mu_{\ln Sa(T_{an})\,|\,\ln IM_{\mathrm{h}}^{*}=X_{\mathrm{h}},\ln IM_{\mathrm{v}}^{*}=X_{\mathrm{v}},m,r} \end{bmatrix} = \begin{bmatrix} \mu_{\ln Sa(T_{a1})\,|\,m,r} + \mathrm{H}_{\mathrm{vh}}^{T_{a1}} \cdot \mathrm{H}_{\mathrm{hh}}^{-1} \cdot \begin{bmatrix} x_{\mathrm{h}} - \mu_{\ln IM_{\mathrm{h}}^{*}\,|\,m,r} \\ x_{\mathrm{v}} - \mu_{\ln IM_{\mathrm{v}}^{*}\,|\,m,r} \end{bmatrix} \\ \mu_{\ln Sa(T_{a2})\,|\,m,r} + \mathrm{H}_{\mathrm{vh}}^{T_{a2}} \cdot \mathrm{H}_{\mathrm{hh}}^{-1} \cdot \begin{bmatrix} x_{\mathrm{h}} - \mu_{\ln IM_{\mathrm{h}}^{*}\,|\,m,r} \\ x_{\mathrm{v}} - \mu_{\ln IM_{\mathrm{v}}^{*}\,|\,m,r} \end{bmatrix} \\ \vdots \\ \mu_{\ln Sa(T_{an})\,|\,m,r} + \mathrm{H}_{\mathrm{vh}}^{T_{an}} \cdot \mathrm{H}_{\mathrm{hh}}^{-1} \cdot \begin{bmatrix} x_{\mathrm{h}} - \mu_{\ln IM_{\mathrm{h}}^{*}\,|\,m,r} \\ x_{\mathrm{v}} - \mu_{\ln IM_{\mathrm{v}}^{*}\,|\,m,r} \end{bmatrix} \end{bmatrix}
$$

$$(6.13)$$

式中，$\mu_{\ln Sa(T_{a1})\,|\,m,r}$ 是水平或竖向 GMPE 在 $M=m$，$R=r$ 设定地震场景下 T_{ai} 周期的谱加速度对数均值；H_{hh}，H_{hv}，H_{vh} 和 H_{vv} 是矩阵 H 的子矩阵，可表示为：

$$
H^{(T_{ai})} = \begin{bmatrix} H_{\mathrm{hh}} & H_{\mathrm{hv}}^{(T_{ai})} \\ H_{\mathrm{vh}}^{(T_{ai})} & H_{\mathrm{vv}}^{(T_{ai})} \end{bmatrix}
$$

$$(6.14)$$

矩阵 H 的子矩阵 H_{hh}，H_{hv}，H_{vh} 和 H_{vv} 可分别表示为：

$$
H_{\mathrm{hh}} = \begin{bmatrix} \sigma_{\ln IM_{\mathrm{h}}^{*}\,|\,m,r}^{2} & \rho_{\ln IM_{\mathrm{h}}^{*},\ln IM_{\mathrm{v}}^{*}}\,\sigma_{\ln IM_{\mathrm{h}}^{*}\,|\,m,r}\sigma_{\ln IM_{\mathrm{v}}^{*}\,|\,m,r} \\ \rho_{\ln IM_{\mathrm{h}}^{*},\ln IM_{\mathrm{v}}^{*}}\,\sigma_{\ln IM_{\mathrm{h}}^{*}\,|\,m,r}\sigma_{\ln IM_{\mathrm{v}}^{*}\,|\,m,r} & \sigma_{\ln IM_{\mathrm{v}}^{*}\,|\,m,r}^{2} \end{bmatrix}
$$

$$(6.15)$$

$$
\begin{aligned}
H_{\mathrm{vh}}^{(T_{ai})} &= (\mathrm{H}_{\mathrm{hv}}^{(T_{ai})})' \\
&= \begin{bmatrix} \rho_{\ln Sa(T_{ai}),\ln IM_{\mathrm{h}}^{*}}\,\sigma_{\ln Sa(T_{ai})\,|\,m,r}\sigma_{\ln IM_{\mathrm{h}}^{*}\,|\,m,r} & \rho_{\ln Sa(T_{ai}),\ln IM_{\mathrm{v}}^{*}}\,\sigma_{\ln Sa(T_{ai})\,|\,m,r}\sigma_{\ln IM_{\mathrm{v}}^{*}\,|\,m,r} \end{bmatrix}
\end{aligned}
$$

$$(6.16)$$

$$
H_{\mathrm{vv}}^{(T_{ai})} = \begin{bmatrix} \sigma_{\ln Sa(T_{ai})\,|\,m,r}^{2} \end{bmatrix}
$$

$$(6.17)$$

式中，$\sigma_{\ln IM_{\mathrm{h}}^{*}\,|\,m,r}$ 和 $\sigma_{\ln IM_{\mathrm{v}}^{*}\,|\,m,r}$ 分别是 $\ln IM_{\mathrm{h}}^{*}$ 和 $\ln IM_{\mathrm{v}}^{*}$ 的标准差；$\rho_{\ln IM_{\mathrm{h}}^{*},\ln IM_{\mathrm{v}}^{*}}$ 是它们的相关系数；$\rho_{\ln Sa(T_{ai}),\ln IM^{*}}$ 是预测周期 T_{ai} 和条件周期 T^{*} 之间的相关系数；上述两个相关系数都可采用本书第 3 章计算所得的水平和竖向地震动谱型参数相关系数模型。

$\sum_{0}$ 为 Sa 预测周期处的协方差矩阵，可表示为：

$$\sum_0 = \begin{bmatrix} \sigma^2_{\ln Sa(T_{ai})} & \cdots & \rho_{\ln Sa(T_{a1}),\ln Sa(T_{an})} \cdot \sigma_{\ln Sa(T_{a1})} \cdot \sigma_{\ln Sa(T_{an})} \\ \vdots & \ddots & \vdots \\ \rho_{\ln Sa(T_{an}),\ln Sa(T_{a1})} \cdot \sigma_{\ln Sa(T_{an})} \cdot \sigma_{\ln Sa(T_{a1})} & \cdots & \sigma^2_{\ln Sa(T_{an})} \end{bmatrix}$$

$$(6.18)$$

$\sum_1$ 为 Sa 预测周期处和 IM_h^*、IM_v^* 条件周期处的协方差矩阵，可表示为：

$$\sum_1 = \begin{bmatrix} H_{vh}^{(T_{a1})} \cdot H_{hh}^{-1} \cdot H_{hv}^{(T_{a1})} & H_{vh}^{(T_{ai})} \cdot H_{hh}^{-1} \cdot H_{hv}^{(T_{a2})} & \cdots & H_{vh}^{(T_{a1})} \cdot H_{hh}^{-1} \cdot H_{hv}^{(T_{an})} \\ \vdots & & \ddots & \vdots \\ H_{vh}^{(T_{an})} \cdot H_{hh}^{-1} \cdot H_{hv}^{(T_{a1})} & H_{vh}^{(T_{an})} \cdot H_{hh}^{-1} \cdot H_{hv}^{(T_{a2})} & \cdots & H_{vh}^{(T_{an})} \cdot H_{hh}^{-1} \cdot H_{hv}^{(T_{an})} \end{bmatrix}$$

$$(6.19)$$

水平和竖向地震动向量型条件均值谱的协方差矩阵可表示为：

$$\sum = \sum_0 - \sum_1 \qquad (6.20)$$

综上所述，基于水平和竖向地震动向量型条件谱理论公式，水平和竖向地震动向量型条件谱的生成步骤可以总结如下：

（1）对于目标厂址进行向量型概率地震危险性分析与分解，通过分解结果得到设定地震 M、设定距离 R 和设定角度 θ 等分解参数；

（2）将设定地震 M 等参数代入水平或竖向 GMPE，计算水平和竖向地震动在预测周期处的条件均值 $\mu_{\ln Sa(T_{a1})}|_{m,r}$ 和条件标准差 $\sigma_{\ln Sa(T_{ai})}|_{m,r}$；

（3）将步骤（2）计算的条件标准差，与水平和竖向地震动相关系数模型结合，生成公式（6.18）和公式（6.19）中的协方差矩阵；

（4）最后将计算的预测条件均值和协方差矩阵代入式（6.13）和式（6.20），生成水平和竖向地震动向量型条件谱。

6.4　算例分析

本节针对中国华南地区某核电厂厂址进行水平和竖向地震动危险性分析与分解计算，生成水平和竖向地震动向量型条件谱，本算例包括 1 个地震统计区，覆盖空间范围为北纬 19°～24°、东经 109°～116°。相应的地震活动性参数为：最大震级 M_{max} 为 8 级、古登堡-里克特公式中 b 值为 0.87、四级以上地震年平均发生率 ν_4 为 5.60、震源深度 15.00km 等。地震统计区包含的 32 个相关的主要地震源分布情况如图 6.1 所示，相应的地震活动性参数见表 6.1，其中包括空间分布函数 $f_{i,mj}$、最大震级 M_{max}、方向角 θ 及其权重 P 等。

表 6.1 主要潜在地震源的地震活动性参数

震源号	地震发生空间分布函数 $f_{i,mj}$							最大震级	方向角(°)	权重	方向角(°)	权重
	4.0~5.0	5.0~5.5	5.5~6.0	6.0~6.5	6.5~7.0	7.0~7.5	>7.5					
1	0.00366	0.00313	0.00000	0.00000	0.00000	0.00000	0.00000	5.5	50	1	0	0
2	0.00345	0.00291	0.00000	0.00000	0.00000	0.00000	0.00000	5.5	110	1	0	0
3	0.00248	0.00200	0.00000	0.00000	0.00000	0.00000	0.00000	5.5	110	1	0	0
4	0.00336	0.00274	0.00000	0.00000	0.00000	0.00000	0.00000	5.5	50	1	0	0
5	0.00221	0.00495	0.00000	0.00000	0.00000	0.00000	0.00000	5.5	35	1	0	0
6	0.00212	0.00473	0.00000	0.00000	0.00000	0.00000	0.00000	5.5	30	1	0	0
7	0.00371	0.00313	0.00000	0.00000	0.00000	0.00000	0.00000	5.5	40	1	0	0
8	0.00281	0.00543	0.00000	0.00000	0.00000	0.00000	0.00000	5.5	140	1	0	0
9	0.00357	0.00304	0.00000	0.00000	0.00000	0.00000	0.00000	5.5	0	1	0	0
10	0.00503	0.00408	0.00000	0.00000	0.00000	0.00000	0.00000	5.5	55	1	0	0
11	0.00392	0.00321	0.00000	0.00000	0.00000	0.00000	0.00000	5.5	55	1	0	0
12	0.00279	0.00625	0.00660	0.00000	0.00000	0.00000	0.00000	6.0	120	1	0	0
13	0.00427	0.00956	0.01949	0.00000	0.00000	0.00000	0.00000	6.0	35	1	0	0
14	0.00291	0.00652	0.01039	0.00000	0.00000	0.00000	0.00000	6.0	50	1	0	0
15	0.00314	0.00269	0.00734	0.00000	0.00000	0.00000	0.00000	6.0	40	0.7	50	0.3
16	0.00524	0.00426	0.01600	0.00000	0.00000	0.00000	0.00000	6.0	140	0.7	50	0.3
17	0.00324	0.00278	0.00931	0.00000	0.00000	0.00000	0.00000	6.0	0	1	0	0

续表6.1

震源号	地震发生空间分布函数 $f_{i,mj}$							最大震级	方向角(°)	权重	方向角(°)	权重
	4.0~5.0	5.0~5.5	5.5~6.0	6.0~6.5	6.5~7.0	7.0~7.5	>7.5					
18	0.00195	0.00434	0.00456	0.00000	0.00000	0.00000	0.00000	6.0	30	1	0	0
19	0.00211	0.01412	0.01560	0.00000	0.00000	0.00000	0.00000	6.0	0	1	0	0
20	0.00375	0.00843	0.01297	0.00000	0.00000	0.00000	0.00000	6.0	120	1	0	0
21	0.00433	0.00369	0.00657	0.01525	0.00000	0.00000	0.00000	6.5	35	1	0	0
22	0.00347	0.00777	0.00794	0.01845	0.00000	0.00000	0.00000	6.5	20	1	0	0
23	0.00489	0.00417	0.00726	0.01981	0.00000	0.00000	0.00000	6.5	130	0.7	50	0.3
24	0.00472	0.00395	0.00397	0.01745	0.00000	0.00000	0.00000	6.5	20	0.7	130	0.3
25	0.00443	0.00382	0.00979	0.02274	0.00000	0.00000	0.00000	6.5	120	1	0	0
26	0.00447	0.00382	0.00958	0.02227	0.00000	0.00000	0.00000	6.5	120	1	0	0
27	0.00410	0.00916	0.01016	0.01306	0.00000	0.00000	0.00000	6.5	0	1	0	0
28	0.00374	0.00838	0.00606	0.01407	0.00000	0.00000	0.00000	6.5	120	1	0	0
29	0.00343	0.00764	0.00773	0.01794	0.05566	0.00000	0.00000	7.0	20	1	0	0
30	0.00582	0.01299	0.01800	0.04126	0.12965	0.00000	0.00000	7.0	0	1	0	0
31	0.00649	0.01451	0.02228	0.06402	0.05767	0.22242	0.00000	7.5	1	1	0	0
32	0.00405	0.00908	0.02016	0.01793	0.03167	0.12657	0.00000	7.5	20	1	0	0

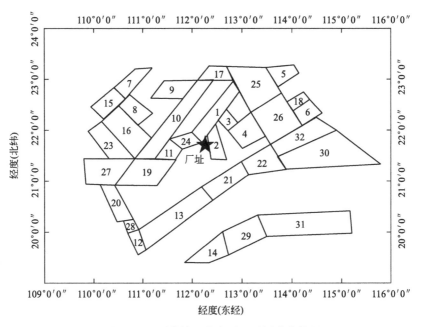

图 6.1 地震统计区的主要地震源分布情况

本算例采用了之前学者提出的中国华南地区（核电站所在地区）的水平和竖向 GMPE[118]，可表示为：

$$\log(Y) = C_1 + C_2 M + C_3 \log(R + C_4 \exp(C_5 M)) + \sigma_{\log(Y)} \varepsilon \quad (6.21)$$

式中，M 为面波震级，R 为断层投影距，C_1、C_2、C_3、C_4 和 C_5 为拟合系数；ε 代表基于地震动预测方程计算的谱型参数，代表 $\log(Y)$ 的预测变量；$\sigma_{\log(Y)}$ 是地震动预测方程的预测标准差。

针对中国厂址，有学者研究发现基于 NGA-West2 数据库的 GMPE 所求的相关系数模型适用于中国厂址[35]。所以，当本算例研究水平和竖向地震动向量型危险性分析和条件谱生成时，所使用的相关系数模型全部采用第 3 章计算所得水平和竖向地震动谱型参数相关系数。

6.4.1 水平和竖向地震动向量型危险性算例分析

基于本书 6.2.1 节的水平和竖向地震动向量型危险性分析理论和采用王晓磊等人[16] 开发的中国向量型危险性分析程序，分别得到了 Sa_H（0.1s）与 Sa_V（0.1s）、Sa_H（0.5s）与 Sa_V（0.5s）、Sa_H（1.0s）与 Sa_V（1.0s）和 Sa_H（5.0s）与 Sa_V（5.0s）的危险性曲面，结果如图 6.2 所示，研究表明：在短周期 Sa_H 与 Sa_V 危险性曲面比长周期危险性曲面陡峭，其中，Sa_H（0.5s）与 Sa_V（0.5s）危险性曲面更为陡峭，危险性水平较高；而 Sa_H（5.0s）与 Sa_V（5.0s）危险性

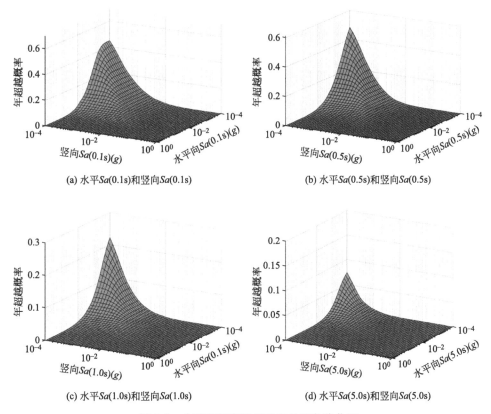

(a) 水平Sa(0.1s)和竖向Sa(0.1s)　　　　(b) 水平Sa(0.5s)和竖向Sa(0.5s)

(c) 水平Sa(1.0s)和竖向Sa(1.0s)　　　　(d) 水平Sa(5.0s)和竖向Sa(5.0s)

图 6.2　水平和竖向地震动向量型危险曲面

曲面较为平缓,危险性水平较低。

6.4.2　水平和竖向地震动向量型危险性分解

基于 6.2.2 节的水平和竖向地震动向量型危险性分解理论和采用王晓磊等人[16] 开发的中国向量型危险性分解程序,分别对水平和竖向地震动目标超越概率取 0.0001 进行分解,本节分别对 Sa_H(0.1s) 与 Sa_V(0.1s)、Sa_H(0.5s) 与 Sa_V(0.5s)、Sa_H(1.0s) 与 Sa_V(1.0s) 和 Sa_H(5.0s) 与 Sa_V(5.0s) 进行向量型危险性分解,分解结果如图 6.3 所示,结果表明:水平和竖向地震动向量型危险性主要受震级较大和距离较远地震所控制;在短周期范围内,Sa_H(0.1s) 和 Sa_V(0.1s)、Sa_H(0.5s) 和 Sa_V(0.5s) 的向量型危险性主要由震级 6~6.5 级和距离范围 20~60km 地震控制;在中周期范围内,Sa_H(1s) 和 Sa_V(1s) 的向量型危险性主要由震级 7~7.5 级和距离范围大于 90km 地震控制;在长周期范围内,Sa_H(5s) 和 Sa_V(5s) 的向量型危险性主要由震级 7~7.5 级和距离范围大于 90km 地震控制。分解结果将应用于条件谱的生成研究中。

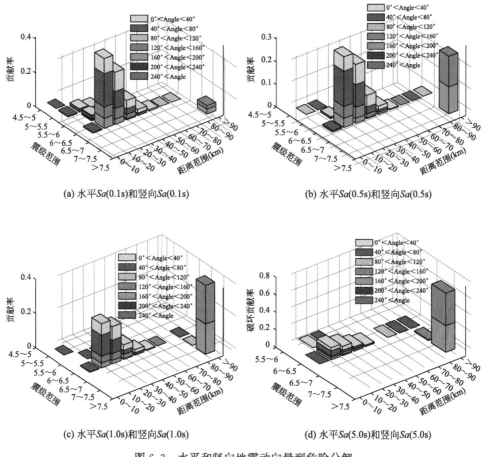

(a) 水平Sa(0.1s)和竖向Sa(0.1s)   (b) 水平Sa(0.5s)和竖向Sa(0.5s)

(c) 水平Sa(1.0s)和竖向Sa(1.0s)   (d) 水平Sa(5.0s)和竖向Sa(5.0s)

图 6.3　水平和竖向地震动向量型危险分解

6.4.3　水平和竖向地震动向量型条件谱

基于 6.4.2 节水平和竖向地震动向量型危险性分解中得到的 Sa_H（0.1s）与 Sa_V（0.1s）、Sa_H（0.5s）与 Sa_V（0.5s）、Sa_H（1.0s）与 Sa_V（1.0s）和 Sa_H（5.0s）与 Sa_V（5.0s）设定地震 M、设定距离 R 和设定角度 θ，采用 6.3 节中水平和竖向地震动向量型条件谱理论和生成步骤，计算场地向量型条件谱。针对中国华南地区某核电厂厂址，分别生成以 Sa_H（0.1s）与 Sa_V（0.1s）、Sa_H（0.5s）与 Sa_V（0.5s）、Sa_H（1.0s）与 Sa_V（1.0s）和 Sa_H（5.0s）与 Sa_V（5.0s）为条件周期的水平和竖向地震动向量型条件谱，结果如图 6.4 所示。生成的向量型条件谱将作为本书第 7 章水平和竖向地震动挑选的目标谱。

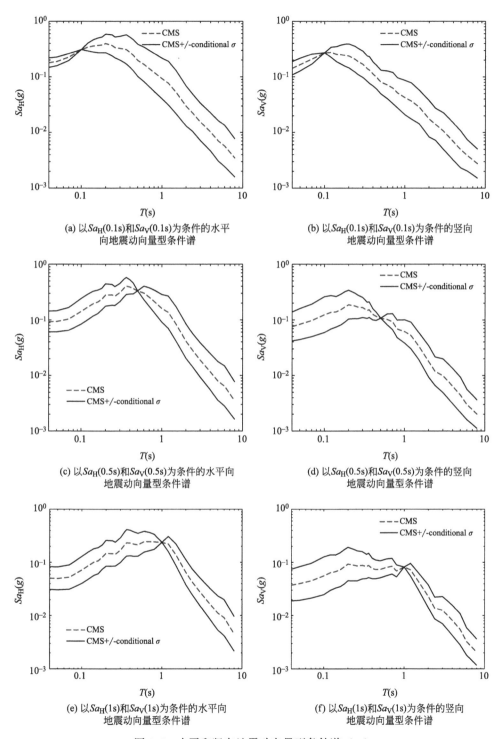

(a) 以 $Sa_H(0.1s)$和 $Sa_V(0.1s)$为条件的水平
向地震动向量型条件谱

(b) 以 $Sa_H(0.1s)$和 $Sa_V(0.1s)$为条件的竖向
地震动向量型条件谱

(c) 以 $Sa_H(0.5s)$和 $Sa_V(0.5s)$为条件的水平向
地震动向量型条件谱

(d) 以 $Sa_H(0.5s)$和 $Sa_V(0.5s)$为条件的竖向
地震动向量型条件谱

(e) 以 $Sa_H(1s)$和 $Sa_V(1s)$为条件的水平向
地震动向量型条件谱

(f) 以 $Sa_H(1s)$和 $Sa_V(1s)$为条件的竖向
地震动向量型条件谱

图 6.4　水平和竖向地震动向量型条件谱（一）

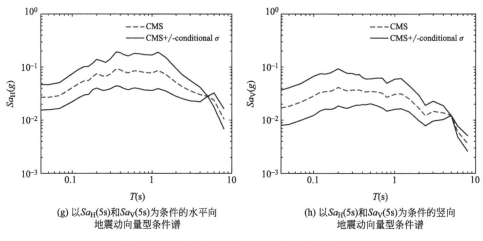

(g) 以$Sa_H(5s)$和$Sa_V(5s)$为条件的水平向
地震动向量型条件谱

(h) 以$Sa_H(5s)$和$Sa_V(5s)$为条件的竖向
地震动向量型条件谱

图 6.4　水平和竖向地震动向量型条件谱（二）

6.5　本章小结

本章提出了水平和竖向地震动向量型危险性与条件谱生成理论，针对我国华南地区某核电厂厂址进行了水平和竖向地震动向量型危险性分析与分解和向量型条件谱生成的具体算例分析，得到以下结论：

（1）水平和竖向地震动向量型危险性分析考虑了水平和竖向地震动之间的相关性，得到算例厂址水平和竖向地震动危险性曲面，结果表明：短周期 Sa_H 与 Sa_V 危险性曲面比长周期危险性曲面陡峭，危险性较高；长周期 Sa_H 与 Sa_V 危险性曲面较为平缓，危险性水平较低。

（2）得到算例厂址水平和竖向地震动危险性分解结果，可发现：水平和竖向地震动向量型危险性主要受震级较大和距离较远地震所控制；在短周期范围内，Sa_H 和 Sa_V 的向量型危险性主要由震级 6～6.5 级和距离范围 20～60km 地震控制；在中长周期范围内，向量型危险性主要由震级 7～7.5 级和距离范围大于 90km 地震控制。

（3）基于水平和竖向向量型危险性分析与分解的结果得到了向量型条件谱，将应用于第 7 章基于向量型条件谱的水平和竖向地震动挑选中。

第7章 基于向量型条件谱的水平和竖向地震动记录选取方法研究

7.1 引言

基于本书第 6 章生成的中国华南地区某核电厂厂址水平和竖向条件谱生成结果，本章将以水平和竖向条件谱为目标，基于多目标优化算法，进行水平和竖向地震动记录联合选取分析。

7.2 水平和竖向地震动记录选取基本理论

水平和竖向地震动记录挑选主要涉及从地震动数据库中选择与模拟反应谱（Simulated Spectra）最匹配的地震动记录集合。

备选的水平和竖向地震动与每条目标模拟反应谱的误差平方和（Sum of Squared Errors，SSE）可表示为[69]：

$$SSE = \sum_{j=1}^{P} [\ln Sa_{\mathrm{H}}(T_j) - \ln Sa_{\mathrm{H}}^{\mathrm{Simulation}}(T_j)]^2 * w +$$
$$\sum_{k=1}^{P} [\ln Sa_{\mathrm{V}}(T_k) - \ln Sa_{\mathrm{V}}^{\mathrm{Simulation}}(T_k)]^2 * (1-w) \quad (7.1)$$

式中，$\ln Sa_{\mathrm{H}}(T_j)$ 是备选水平地震动记录的对数谱加速度；$\ln Sa_{\mathrm{H}}^{\mathrm{Simulation}}(T_j)$ 是水平向目标模拟反应谱的对数谱加速度；$\ln Sa_{\mathrm{V}}(T_k)$ 是备选竖向地震动记录的对数谱加速度；$\ln Sa_{\mathrm{V}}^{\mathrm{Simulation}}(T_k)$ 是竖向目标模拟反应谱的对数谱加速度；w 代表竖向谱匹配与水平向谱匹配的权重系数。

备选的水平地震动均值和标准差的最大百分数误差可表示为：

$$Err_{\mathrm{mean\_H}} = \max_j \left(\frac{|m_{\ln Sa_{\mathrm{H}}}(T_j) - \mu_{\ln Sa_{\mathrm{H}}}(T_j)|}{\mu_{\ln Sa_{\mathrm{H}}}(T_j)} \right) \times 100 \quad (7.2)$$

$$Err_{\mathrm{std\_H}} = \max_j \left(\frac{|std_{\ln Sa_{\mathrm{H}}}(T_j) - \sigma_{\ln Sa_{\mathrm{H}}}(T_j)|}{\sigma_{\ln Sa_{\mathrm{H}}}(T_j)} \right) \times 100 \quad (7.3)$$

式中，$m_{\ln Sa_{\mathrm{H}}}(T_j)$ 是备选水平地震动记录的对数谱加速度均值；$\mu_{\ln Sa_{\mathrm{H}}}(T_j)$ 为水平向目标模拟反应谱的对数谱加速度均值；$std_{\ln Sa_{\mathrm{H}}}(T_j)$ 是备选水平地震动记录的对数谱加速标准差；$\sigma_{\ln Sa_{\mathrm{H}}}(T_j)$ 是水平向目标模拟反应谱的对数谱加速度标准差。

备选的竖向地震动均值和标准差的最大的百分数误差可表示为：

$$Err_{\mathrm{mean\_V}} = \max_k \left(\frac{|m_{\ln Sa_{\mathrm{V}}}(T_k) - \mu_{\ln Sa_{\mathrm{V}}}(T_k)|}{\mu_{\ln Sa_{\mathrm{V}}}(T_k)} \right) \times 100 \tag{7.4}$$

$$Err_{\mathrm{std\_V}} = \max_k \left(\frac{|std_{\ln Sa_{\mathrm{V}}}(T_k) - \sigma_{\ln Sa_{\mathrm{V}}}(T_k)|}{\sigma_{\ln Sa_{\mathrm{V}}}(T_k)} \right) \times 100 \tag{7.5}$$

式中，$m_{\ln Sa_{\mathrm{V}}}(T_k)$ 是备选竖向地震动记录的对数谱加速度均值；$\mu_{\ln Sa_{\mathrm{V}}}(T_k)$ 为竖向目标模拟反应谱的对数谱加速度均值；$std_{\ln Sa_{\mathrm{V}}}(T_k)$ 是备选竖向地震动记录的对数谱加速标准差；$\sigma_{\ln Sa_{\mathrm{V}}}(T_k)$ 是竖向目标模拟反应谱的对数谱加速度标准差。

备选的水平和竖向地震动均值和标准差的最大误差和可表示为：

$$Err_{\mathrm{mean}} = Err_{\mathrm{mean\_H}} * w + Err_{\mathrm{mean\_V}} * (1-w) \tag{7.6}$$

$$Err_{\mathrm{std}} = Err_{\mathrm{std\_H}} * w + Err_{\mathrm{std\_V}} * (1-w) \tag{7.7}$$

若需要进行贪心优化时，备选的水平和竖向地震动均值和标准差的误差平方和可表示为：

$$SSE_{\mathrm{s}} = \sum_{j=1}^{P} \sum_{k=1}^{P} \left[w(m_{\ln Sa_{\mathrm{H}}}(T_j) - \mu_{\ln Sa_{\mathrm{H}}}(T_j))^2 + (1-w)(m_{\ln Sa_{\mathrm{V}}}(T_k) - \right.$$

$$\mu_{\ln Sa_{\mathrm{V}}}(T_k))^2 \big] * w_{\mathrm{m}} + \sum_{j=1}^{P} \sum_{k=1}^{P} \left[w(std_{\ln Sa_{\mathrm{H}}}(T_j) - \sigma_{\ln Sa_{\mathrm{H}}}(T_j))^2 + \right.$$

$$(1-w)(std_{\ln Sa_{\mathrm{V}}}(T_k) - \sigma_{\ln Sa_{\mathrm{V}}}(T_k))^2 \big] * w_{\mathrm{s}} \tag{7.8}$$

式中，w_{m} 和 w_{s} 分别为平均值和标准差的权重系数。

所提出的基于多目标优化的水平和竖向地震动记录选取方法主要步骤如图 7.1 所示，其步骤主要包含以下方面：

（1）步骤 1 是生成指定目标条件谱。实际上，本方法是同时匹配水平和竖向目标反应谱的对数谱加速度均值和标准差。此目标谱可以是单个条件 IM 的条件谱，也可以是多个条件的向量型条件谱。

（2）步骤 2 是生成模拟目标反应谱。基于步骤 1 确定的目标谱，对目标谱的均值和协方差矩阵，运用蒙特卡罗模拟方法，生成水平和竖向目标模拟反应谱。

（3）步骤 3 指定了候选地震动数据库。从候选地震动数据库中加载相关原数据，包括每个地震动的谱加速度值、震级、距离、角度等其他地震学参数。

（4）步骤 4 初步筛选地震动：基于步骤 3 加载的地震学参数选取范围。初步筛选备选地震动数据库，以便考虑适当的地震动记录进行选取。

（5）步骤 5 涉及从初步筛选后的地震动数据库中选取与模拟谱最匹配的地震动。基于式（7.1），计算每条模拟反应谱和候选地震动记录的误差平方和。

（6）在步骤 6 中，评估初步所选地震动序列，以确定上述选取结果是否足够

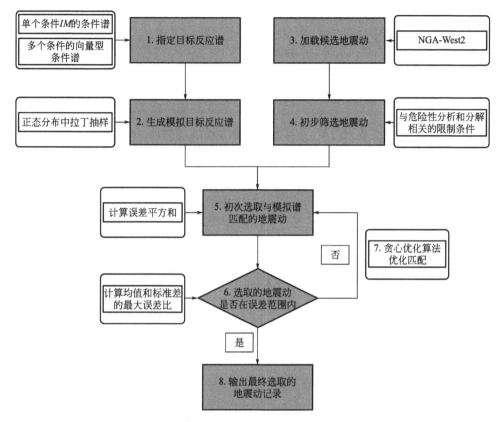

图 7.1 基于多目标优化的水平和竖向地震动记录选取流程图

接近目标均值和标准差分布。基于式（7.6）和式（7.7）判断备选的水平和竖向
地震动均值和标差的最大误差和是否满足阈值要求，如果误差不满足阈值要求，
则基于贪心优化算法迭代优化选取地震动记录。

（7）步骤 7 贪心优化算法优化匹配：基于式（7.8），采用贪心优化算法有限
迭代地震动记录（如果需要的话），优化选取地震动结果。在此阶段，通过将初
步所选地震动序列中的个别地震动记录替换为筛选数据库中的可用地震动，修改
所选地震动序列，并判断替换后的地震动序列是否满足阈值要求。

（8）步骤 8 输出最终选取的地震动记录：若步骤 6 中初步所选地震动序列或
经过步骤 7 优化后的地震动序列满足阈值要求，输出最终选取的地震动选取结果
序列。

7.3 基于单个条件 *IM* 水平和竖向条件谱的地震动记录选取

基于单个条件 *IM* 水平和竖向条件谱的条件均值谱及其对数标准差可以通过

以下公式计算：

$$\mu_{\ln Sa(T_i)|\ln Sa(T^*)} = \mu_{\ln Sa}(M, R, T_i) + \rho(T_i, T^*)\varepsilon(T^*)\sigma_{\ln Sa}(T_i) \quad (7.9)$$

$$\sigma_{\ln Sa(T_i)|\ln Sa(T^*)} = \sqrt{1 - \rho^2[(T_i), (T^*)]} \cdot \sigma_{\ln Sa(T_i)} \quad (7.10)$$

式中，$\mu_{\ln Sa(T_i)|\ln Sa(T^*)}$ 和 $\sigma_{\ln Sa(T_i)|\ln Sa(T^*)}$ 分别表示以 $\ln Sa(T^*)$ 为条件的条件均值和条件标准差。$\mu_{\ln Sa(T_i)|\ln Sa(T^*)}$ 为"考虑谱加速度相关性的条件均值谱"。$\rho(T_i, T^*)$ 是 T_i 周期处谱加速度与 T^* 周期处谱加速度之间所需的预测相关系数（可使用本书第 3 章所计算的水平和竖向地震动谱型参数相关系数模型）。$\mu_{\ln Sa}(M, R, T_i)$ 表示均值，$\sigma_{\ln Sa}$ 表示标准差，均由水平或竖向 GMPE 计算所得到。

综上所述，基于单个条件 *IM* 水平和竖向条件谱的条件均值谱及其对数标准差理论公式，单个条件 *IM* 水平和竖向地震动的条件谱生成步骤可以总结如下：

（1）对于目标厂址进行标量型概率地震危险性分析与分解，通过分解结果得到设定地震 *M*、设定距离 *R* 和设定角度 *θ* 等分解参数。

（2）将设定地震等代入水平或竖向 GMPE，计算水平和竖向地震动在预测周期处的均值 $\mu_{\ln Sa}(M, R, T_i)$ 和标准差 $\sigma_{\ln Sa}$。

（3）基于谱型参数计算式（3.1）和步骤（2）计算的均值和标准差，计算式（7.9）的条件周期谱型参数 $\varepsilon(T^*)$。

（4）最后将步骤（2）和步骤（3）及相关系数模型代入式（7.9）和式（7.10），生成基于单个条件 *IM* 的水平和竖向条件均值谱。

本节以中国华南地区某核电厂厂址为例，基于上述单个条件 *IM* 的水平和竖向条件均值谱及其对数标准差理论公式，分别计算以水平为条件预测竖向地震动的条件谱和以竖向为条件预测竖向地震动的条件均值谱，然后进行基于单个条件 *IM* 的水平和竖向条件谱的地震动选取研究。

7.3.1　基于单个水平条件 *IM* 条件谱的地震动记录选取

本节首先基于单个条件 *IM* 水平和竖向地震动的条件谱生成步骤。生成了以单个水平地震动周期（T^*）为条件的水平和竖向地震动条件谱，分别得到以水平向周期为 0.1s 和 1s 为条件的水平和竖向地震动条件谱，结果见图 7.2。

基于上述单个水平条件 *IM* 的条件谱，可以进行水平和竖向地震动记录的选取。按照图 7.1 中的选取步骤，首先在步骤 1 中需要确定目标谱，这里使用上述单个 *IM* 条件的条件谱；接下来，在步骤 2 中，利用蒙特卡洛模拟抽样方法生成每条水平和竖向地震动的模拟反应谱，如图 7.3 所示，可以发现这些模拟谱都落在向量型条件谱 2.5% 和 97.5% 分位值的范围内；在步骤 3 中，需要指定地震动数据库，本例中使用 NGA-West2 地震动数据库；在步骤 4 中，需要筛选符合条件的地震动记录。由于目标谱与震级 6～7 级、距离 20～50km 的事件相关，本例

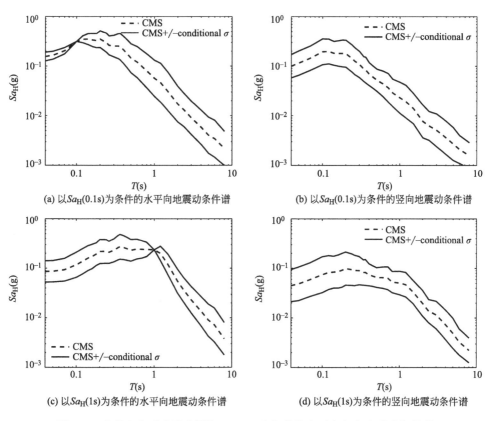

(a) 以$Sa_H(0.1s)$为条件的水平向地震动条件谱　　　(b) 以$Sa_H(0.1s)$为条件的竖向地震动条件谱

(c) 以$Sa_H(1s)$为条件的水平向地震动条件谱　　　(d) 以$Sa_H(1s)$为条件的竖向地震动条件谱

图 7.2　以单个水平地震动周期（T^*）为条件的水平和竖向地震动条件谱

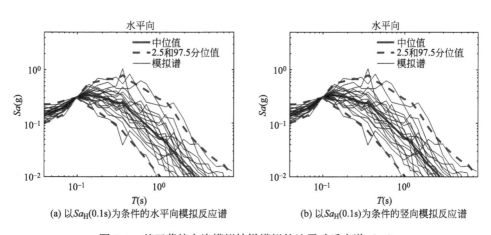

(a) 以$Sa_H(0.1s)$为条件的水平向模拟反应谱　　　(b) 以$Sa_H(0.1s)$为条件的竖向模拟反应谱

图 7.3　基于蒙特卡洛模拟抽样模拟的地震动反应谱（一）

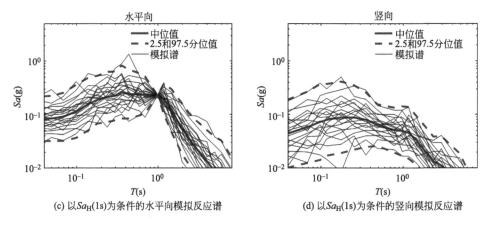

(c) 以$Sa_H(1s)$为条件的水平向模拟反应谱　　　(d) 以$Sa_H(1s)$为条件的竖向模拟反应谱

图 7.3　基于蒙特卡洛模拟抽样模拟的地震动反应谱（二）

仅选择震级在 6～7.5 级之间、距离 50km 范围内的地震动记录。根据这些标准，NGA-West2 地震动数据库中有 1183 个地震动记录满足初始筛选；在步骤 5 中，采用同时匹配条件均值和标准差的方法，初步挑选出 20 条水平和竖向地震动记录；在步骤 6 中，给定误差阈值为 10%，判断初步选取的地震动记录是否足够接近目标模拟反应谱。经过比较，发现初步挑选的水平和竖向地震动标准差的误差过大，不符合要求。在这种情况下，进行贪心优化算法进行优化（步骤 7），优化后的结果如图 7.4 和图 7.5 中蓝色虚线所示，最终选取的水平和竖向地震动记录序列可以很好地匹配目标向量型条件谱的中位值和标准差，符合误差标准；最终输出地震动结果（步骤 8），结果如图 7.6 所示，可以发现最终选取的水平和竖向地震动记录序列可以很好地匹配在向量型条件谱 2.5% 和 97.5% 分位值范围内。最终选取水平和竖向地震动记录序结果见附录 C.1 和附录 C.2。

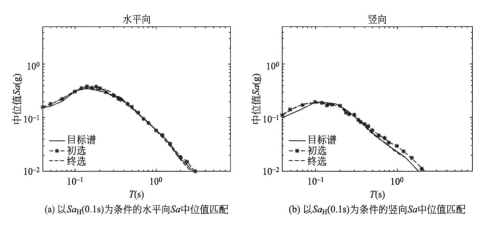

(a) 以$Sa_H(0.1s)$为条件的水平向Sa中位值匹配　　　(b) 以$Sa_H(0.1s)$为条件的竖向Sa中位值匹配

图 7.4　Sa 中位值匹配结果（一）

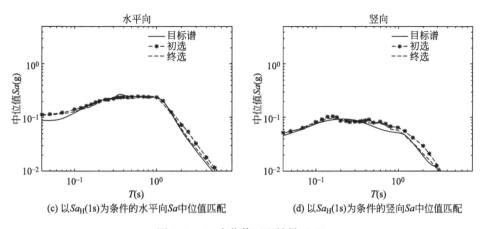

(c) 以$Sa_{\rm H}(1{\rm s})$为条件的水平向Sa中位值匹配　　(d) 以$Sa_{\rm H}(1{\rm s})$为条件的竖向Sa中位值匹配

图 7.4　Sa 中位值匹配结果（二）

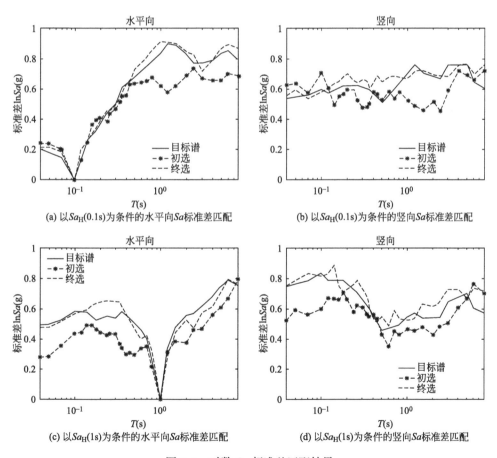

(a) 以$Sa_{\rm H}(0.1{\rm s})$为条件的水平向Sa标准差匹配　　(b) 以$Sa_{\rm H}(0.1{\rm s})$为条件的竖向Sa标准差匹配

(c) 以$Sa_{\rm H}(1{\rm s})$为条件的水平向Sa标准差匹配　　(d) 以$Sa_{\rm H}(1{\rm s})$为条件的竖向Sa标准差匹配

图 7.5　对数 Sa 标准差匹配结果

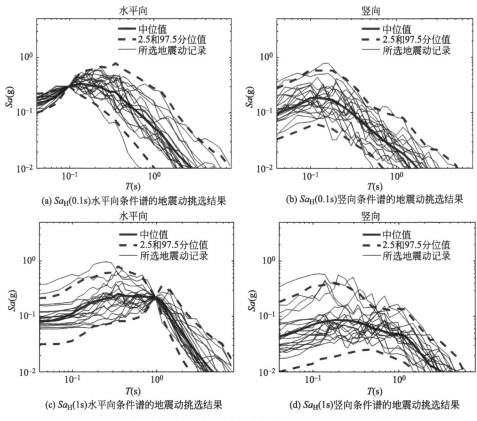

(a) $Sa_H(0.1s)$水平向条件谱的地震动挑选结果　　(b) $Sa_H(0.1s)$竖向条件谱的地震动挑选结果

(c) $Sa_H(1s)$水平向条件谱的地震动挑选结果　　(d) $Sa_H(1s)$竖向条件谱的地震动挑选结果

图 7.6　最终基于条件谱的水平和竖向地震动记录挑选结果

7.3.2　基于单个竖向条件 IM 条件谱的地震动记录选取

基于本章给出的单个条件 IM 水平和竖向地震动的条件谱生成步骤，生成了单个竖向地震动谱加速度周期（T^*）的条件谱，分别得到条件周期为 0.1s 和 1s 的水平和竖向地震动条件谱，生成结果见图 7.7。

基于上述单个竖向条件 IM 的条件谱进行水平和竖向地震动记录选取，参考单个水平条件 IM 的条件谱进行水平和竖向地震动记录选取过程，整个选取过程基本一致：在步骤 2 中，生成相应的水平和竖向模拟反应谱，如图 7.8 所示，可发现模拟谱在向量型条件谱 2.5％和 97.5％分位值范围内；在步骤 6 中，为判断初步所选的地震动记录和基于贪心优化算法进行优化后结果如图 7.9 和图 7.10 所示，可发现最终选取的水平和竖向地震动记录序列可以很好的匹配目标向量型条件谱的中位值和标准差，符合误差标准；最终挑选出 20 条水平和竖向地震动结果（步骤 8），结果如图 7.11 所示，可发现最终选取的水平和竖向地震动记录序列可以很好的匹配在向量型条件谱 2.5％和 97.5％分位值范围内。最终选取水平和竖向地震动记录序结果见附录 C.3 和附录 C.4。

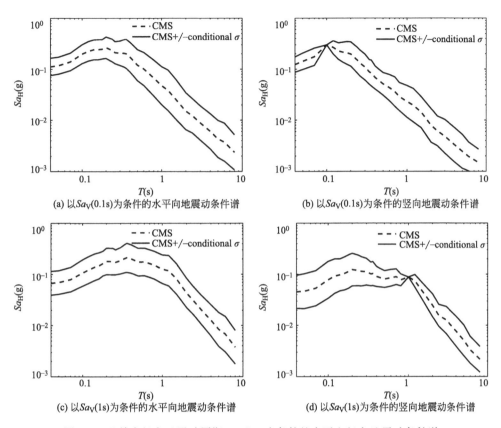

(a) 以Sa_V(0.1s)为条件的水平向地震动条件谱　　　　(b) 以Sa_V(0.1s)为条件的竖向地震动条件谱

(c) 以Sa_V(1s)为条件的水平向地震动条件谱　　　　(d) 以Sa_V(1s)为条件的竖向地震动条件谱

图 7.7　以单个竖向地震动周期（T^*）为条件的水平和竖向地震动条件谱

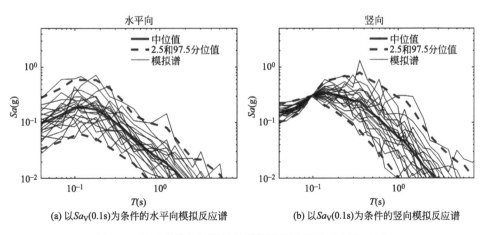

(a) 以Sa_V(0.1s)为条件的水平向模拟反应谱　　　　(b) 以Sa_V(0.1s)为条件的竖向模拟反应谱

图 7.8　基于蒙特卡洛模拟抽样模拟的地震动反应谱（一）

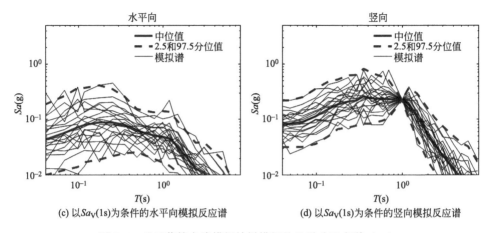

(c) 以$Sa_V(1s)$为条件的水平向模拟反应谱   (d) 以$Sa_V(1s)$为条件的竖向模拟反应谱

图 7.8   基于蒙特卡洛模拟抽样模拟的地震动反应谱（二）

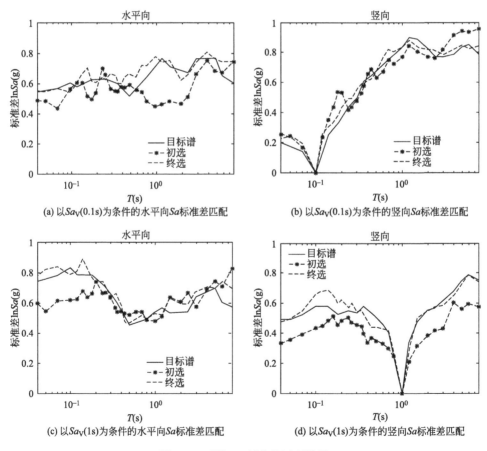

(a) 以$Sa_V(0.1s)$为条件的水平向Sa标准差匹配   (b) 以$Sa_V(0.1s)$为条件的竖向Sa标准差匹配

(c) 以$Sa_V(1s)$为条件的水平向Sa标准差匹配   (d) 以$Sa_V(1s)$为条件的竖向Sa标准差匹配

图 7.9   对数 Sa 标准差匹配结果

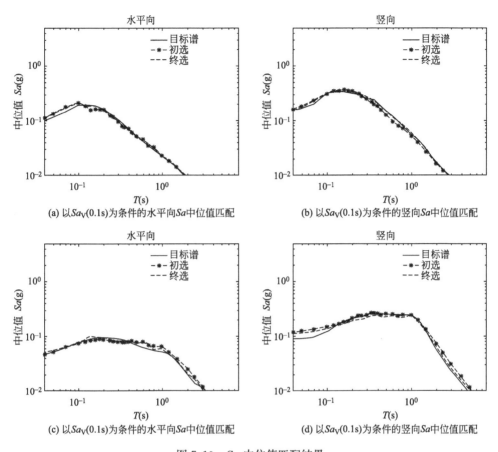

图 7.10　Sa 中位值匹配结果

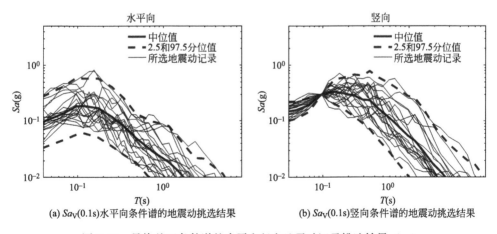

图 7.11　最终基于条件谱的水平和竖向地震动记录挑选结果（一）

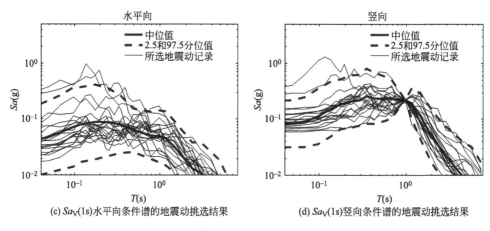

(c) Sa_V(1s)水平向条件谱的地震动挑选结果   (d) Sa_V(1s)竖向条件谱的地震动挑选结果

图 7.11 最终基于条件谱的水平和竖向地震动记录挑选结果（二）

7.4 基于水平和竖向向量型条件谱的地震动记录选取

本节以中国华南地区某核电厂厂址为例，基于第 6 章的算例分析得到中国厂址的水平和竖向向量型条件谱，进行地震动选取。按照参考图 7.1 中的选取步骤，首先在步骤 1 中必须指定目标谱，本书使用第 6 章算例分析得到的中国厂址的水平和竖向向量型条件谱作为目标谱。在步骤 2 中，利用蒙特卡洛模拟抽样的方法，为每条水平和竖向地震产生相应的水平和竖向模拟反应谱，如图 7.12 所示，可发现模拟谱在向量型条件谱的 2.5% 和 97.5% 分位值范围内。在步骤 3 中，必须指定候选地震动数据库。本章使用 NGA-West2 地震动数据库。在步骤 4 中，筛选符合条件的地震动记录。由于目标谱与震级 6~7 级、距离 20~50km 的事件相关，本例限制选择震级在 6~7.5 级之间、距离 50km 以内的地面运动。根据这些标准，NGA-West2 地震动数据库共有 1183 个地震动满足初始筛选。在步骤 5 中，采用同时匹配条件均值和标准差的方法，初步挑选了 20 条水平和竖向地震动记录。在步骤 6 中，为判断初步所选的地震动记录是否足够接近目标模拟反应谱，设定初步所选的地震动相对于其目标的中位值（图 7.13）和标准差（图 7.14）的最大误差百分比为 10%。经过对比，如图 7.14 中虚线所示，发现初步挑选的水平和竖向地震动标准差的误差过大，不符合要求。在此情况下，采用贪心优化算法进行优化（步骤 7）。经过优化后，最终选取的水平和竖向地震动记录序列可以很好地匹配目标向量型条件谱的中位值和标准差，符合误差标准。最终输出地震动结果（步骤 8），结果如图 7.15 所示，可发现最终选取的水平和竖向地震动记录序列可以很好地匹配在向量型条件谱的 2.5% 和 97.5% 分位值范围内。最终选取水平和竖向地震动记录序结果见附录 C.5 和附录 C.6。

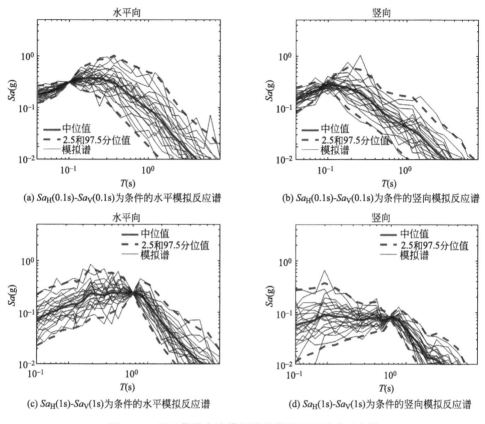

(a) $Sa_H(0.1s)$-$Sa_V(0.1s)$为条件的水平模拟反应谱　　(b) $Sa_H(0.1s)$-$Sa_V(0.1s)$为条件的竖向模拟反应谱

(c) $Sa_H(1s)$-$Sa_V(1s)$为条件的水平模拟反应谱　　(d) $Sa_H(1s)$-$Sa_V(1s)$为条件的竖向模拟反应谱

图 7.12　基于蒙特卡洛模拟抽样模拟的地震动反应谱

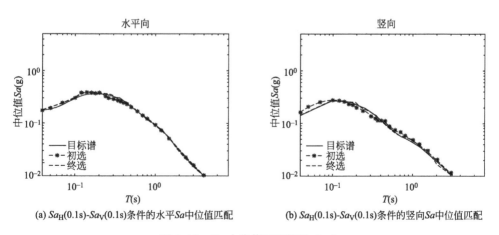

(a) $Sa_H(0.1s)$-$Sa_V(0.1s)$条件的水平Sa中位值匹配　　(b) $Sa_H(0.1s)$-$Sa_V(0.1s)$条件的竖向Sa中位值匹配

图 7.13　Sa 中位值匹配结果（一）

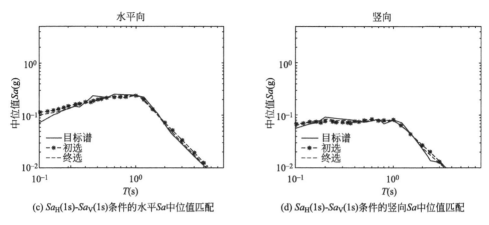

(c) $Sa_H(1s)$-$Sa_V(1s)$条件的水平Sa中位值匹配　　(d) $Sa_H(1s)$-$Sa_V(1s)$条件的竖向Sa中位值匹配

图 7.13　Sa 中位值匹配结果（二）

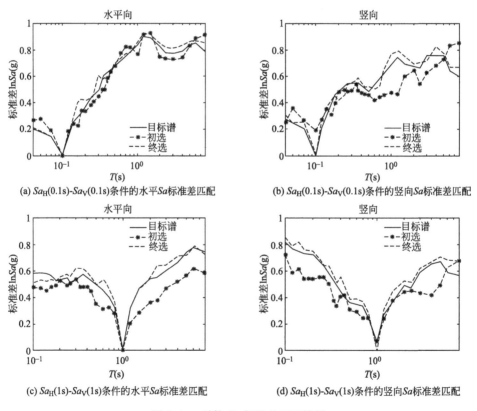

(a) $Sa_H(0.1s)$-$Sa_V(0.1s)$条件的水平Sa标准差匹配　　(b) $Sa_H(0.1s)$-$Sa_V(0.1s)$条件的竖向Sa标准差匹配

(c) $Sa_H(1s)$-$Sa_V(1s)$条件的水平Sa标准差匹配　　(d) $Sa_H(1s)$-$Sa_V(1s)$条件的竖向Sa标准差匹配

图 7.14　对数 Sa 标准差匹配结果

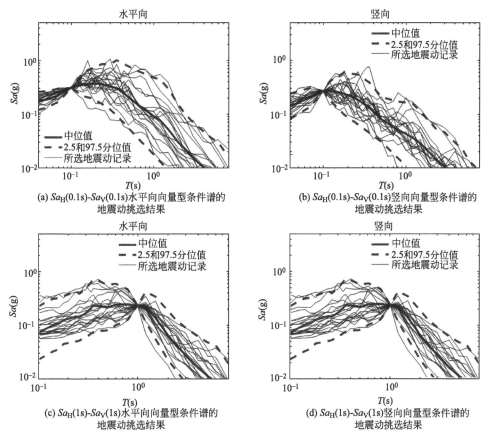

图 7.15　最终基于条件谱的水平和竖向地震动记录挑选结果

7.5　危险一致性验证

在地震工程中，地震动选取的危险一致性原则是指，在进行建筑物或其他结构的抗震设计时，应该根据结构的使用目的、场地条件、设计参数等因素综合考虑，选择具有相同或相似危险概率和危险程度的地震动记录作为输入，以保证结构在各种情况下的安全性能符合预期要求。这个原则的核心是要确保选取的地震动记录能够充分反映目标地震动的危险性，并且能够满足设计要求和标准要求，最终可以减少地震风险、保障建筑物或其他结构的安全性能。

为定量评估所选地震动反应谱在任意周期 T 下的危险性一致性，本章基于以下公式计算 $Sa(T^*)$ 条件下所选地震动的 $Sa(T)$ 超越率，公式如下：

$$\lambda(Sa(T) > y) = \int_x P(Sa(T) > y \mid Sa(T^*) = x) \mid \mathrm{d}\lambda(Sa(T^*) > x) \mid$$

$$(7.11)$$

式中，$P(Sa(T) > y \mid Sa(T^*) = x)$ 是指将 $Sa(T^*)$ 调幅到 x 时，$Sa(T) > y$ 的概率。本章的这个概率由 20 组水平和竖向地震动进行估计；$\lambda(Sa(T^*) > x)$ 为标量型概率危险性分析得到的 $Sa(T^*)$ 超越概率。

基于单个水平条件 IM 条件谱、基于单个竖向条件 IM 条件谱和基于向量型条件谱挑选的水平地震动在 $Sa_H(T^*) = 1s$ 时，$Sa_H(1.2s) > y$ 和 $Sa_H(2s) > y$ 的危险一致性验证；以及挑选的竖向地震动在 $Sa_H(T^*) = 1s$ 时，$Sa_V(1s) > y$ 和 $Sa_V(2s) > y$ 的危险一致性验证分别如图 7.16~图 7.18 所示，上述结果均显示：概率地震危险性分析曲线与所挑选的地震动危险性曲线相对较好吻合，所挑选的水平和竖向地震动记录均与目标危险性具有相似危险性。

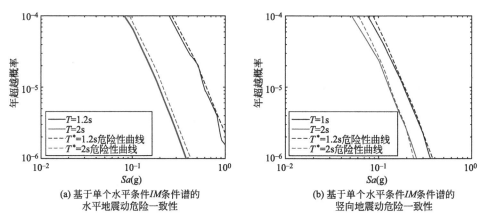

(a) 基于单个水平条件 IM 条件谱的
水平地震动危险一致性

(b) 基于单个水平条件 IM 条件谱的
竖向地震动危险一致性

图 7.16　基于单个水平条件 IM 条件谱的水平和竖向地震动危险一致性验证

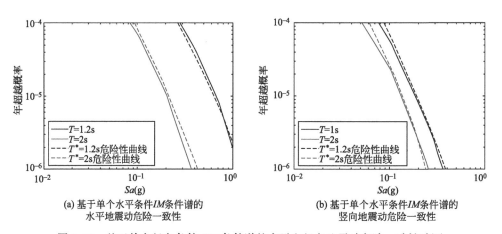

(a) 基于单个水平条件 IM 条件谱的
水平地震动危险一致性

(b) 基于单个水平条件 IM 条件谱的
竖向地震动危险一致性

图 7.17　基于单个竖向条件 IM 条件谱的水平和竖向地震动危险一致性验证

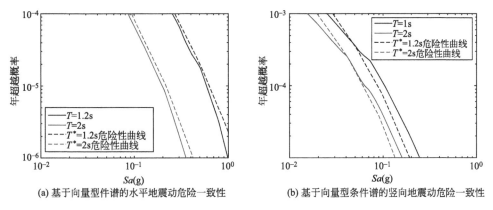

(a) 基于向量型件谱的水平地震动危险一致性   (b) 基于向量型条件谱的竖向地震动危险一致性

图 7.18 基于向量型条件谱的水平和竖向地震动危险一致性验证

7.6 本章小结

本章提出了基于多目标优化的水平和竖向地震动记录的挑选方法。首先利用单个条件 IM 水平和竖向条件谱挑选相应的水平和竖向地震动记录，然后最后利用水平和竖向向量型条件谱挑选相应的水平和竖向地震动记录，最后验证了一致危险性，得到了以下结论：

（1）本章基于贪心优化算法，提出基于多目标优化的水平和竖向地震动记录选取方法，该方法将同时匹配水平和竖向地震动条件谱。选取的水平和竖向地震动记录能够同时匹配水平和竖向条件谱的平均值和标准差。

（2）验证了基于单个水平条件 IM 条件谱、基于单个竖向条件 IM 条件谱和基于向量型条件谱挑选的水平和竖向地震动具有危险一致性，本章提出的选取方法能够选取具有危险一致性的地震动。

第8章 基于广义条件强度参数的水平和竖向地震动联合选取

8.1 引言

本书第 2 章和第 5 章对水平-水平、水平-竖向、竖向-竖向 IM 间的经验相关性进行了观测，并建立了相关系数参数化预测方程，本章将运用上述相关系数模型，提出水平和竖向 GCIM 目标分布的构建方法，开发基于 GCIM 的水平和竖向地震动联合选取方法，与传统选取方法进行对比，讨论其合理性。

8.2 水平和竖向地震动 GCIM 分布构建

概率地震危险性分析（PSHA）已成为评估地震危险性最常用的方法，为了将概率地震危险性分析应用于地震动选取中，许多根据目标谱来匹配地震动的选取方法被提出：早期广泛采用的是基于一致危险谱（UHS）选取方法，但 UHS 不同周期的 $Sa(T)$ 是由不同设定地震控制的，并且与单个地震事件之间存在差异，选取结果偏于保守；针对这一问题，Baker 提出了基于条件均值谱（CMS）的地震动选取方法，该谱是以特定周期的 $Sa(T)$ 作为条件，考虑不同周期 $Sa(T)$ 之间的相关性来构建目标谱。然而上述地震动选取方法仅考虑了以 $Sa(T)$ 表征的地震动特性，地震动的破坏性还取决于频谱、振幅、累积效应、持时等方面，因此在此基础上，Bradley 提出一种能够以任意地震动 IM 为目标的整体选取方法，即广义条件强度参数（GCIM）[19]。GCIM 理论是以某一 IM 作为条件，利用 IM 间相关性，构建目标 IM 的条件分布，然后对实际地震动进行匹配来完成选取[50]。GCIM 的理论基础与 CMS 一致，即假设任意数量的地震动参数集 $IM = \{IM_1, IM_2, IM_3, \cdots, IM_n\}$ 服从多元对数正态分布，上述 IM 可以为任意周期的 $Sa(T)$，或者能够表征地震其他特性的 IM（如 ASI、VSI、DSI、SI、EPA、EPV、EPD、CAV、AI、PGA、PGV、D_{s575} 等）。

目前，基于 GCIM 的地震动选取方法仅被应用于水平向地震动选取中，然而，为了合理地选取竖向地震动，在选取过程中应当考虑竖向地震动的特性，因此，将 GCIM 选取理论应用于竖向地震动的挑选具有重要的研究意义与应用价值。此外，由于水平和竖向地震动之间的关系较为密切，应当对水平和竖向地震动进行联合分析，因此本章提出了一种基于 GCIM 的水平和竖向地震动联合选取方法。本节首先将详述 GCIM 的基本原理，然后提出水平和竖向 GCIM 条件分布的构建方法。

8.2.1　GCIM 基本原理

一般地，PSHA 可给出某场地条件下，某一强度参数 IM_j 的年发生率：

$$\lambda_{IM_j}(im_j) = \sum_{k=1}^{N_{Rup}} P_{IM_j|Rup}(im_j \mid rup_k)\lambda_{Rup}(rup_k) \tag{8.1}$$

式中，$\lambda_{IM_j}(im_j)$ 为 $IM_j > im_j$ 时的年发生率；$P_{IM_j|Rup}(im_j \mid rup_k)$ 为给定地震破裂情景 $Rup = rup_k$ 下 $IM_j > im_j$ 的概率；$\lambda_{Rup}(rup_k)$ 是地震破裂情景 $Rup = rup_k$ 的年发生率；N_{Rup} 是可能发生的地震破裂情景（假定彼此独立）的数量。

对于 $IM_j > im_j$，利用贝叶斯定理对 PSHA 结果进行解耦，可以确定当地震破裂情景 $Rup = rup_k$ 时的条件概率：

$$P_{Rup|IM_j}(rup_k \mid IM_j \geqslant im_j) = \frac{P_{IM_j|Rup}(IM_j \geqslant im_j \mid rup_k)\lambda_{Rup}(rup_k)}{\lambda_{IM_j}(im_j)} \tag{8.2}$$

通过全概率定理，即可得到给定 $IM_j = im_j$ 时，由地震破裂情景 $Rup = rup_k$ 引起的条件概率：

$$
\begin{aligned}
P_{Rup|IM_j}(rup_k \mid IM_j = im_j) \approx & \frac{1}{\Delta\lambda_{IM_j}(im_j)}\big[P_{Rup|IM_j}(rup_k \mid IM_j \geqslant im_j)\lambda_{IM_j}(im_j) \\
& - P_{Rup|IM_j}(rup_k \mid IM_j \geqslant im_j + \Delta im_j)\lambda_{IM_j}(im_j + \Delta im_j)\big]
\end{aligned} \tag{8.3}
$$

对于 N_{Rup} 个地震破裂情形，$P_{Rup|IM_j}(rup_k \mid im_j)$ 就形成了一个互斥的集合，因此对于给定 $IM_j = im_j$ 下，IM_i 的条件概率密度函数 $f_{IM_i|IM_j}(im_i \mid im_j)$ 为：

$$f_{IM_i|IM_j}(im_i \mid im_j) = \sum_{k=1}^{N_{Rup}} f_{IM_i|Rup,IM_j}(im_i \mid rup_k, im_j)P_{Rup|IM_j}(rup_k \mid im_j) \tag{8.4}$$

式中，$f_{IM_i|Rup,IM_j}(im_i \mid rup_k, im_j)$ 为给定 $IM_j = im_j$ 和 $Rup = rup_k$ 时 IM_i 的条件概率密度函数。由于假设 $IM \mid Rup$ 服从多元对数正态分布，那么 $IM \mid Rup$，IM_j 也服从多元对数正态分布。因此根据多元对数正态分布的性质可知，IM 向量中的每一个 $IM_i \mid Rup$，IM_j 都服从一元对数正态分布，可表示为：

$$
\begin{aligned}
f_{IM_i|Rup,IM_j}(im_i \mid rup_k, im_j) \sim LN(&\mu_{\ln IM_i|Rup,IM_j}(rup_k, im_j), \\
&\sigma^2_{\ln IM_i|Rup,IM_j}(rup_k, im_j))
\end{aligned} \tag{8.5}
$$

式中，$\mu_{\ln IM_i|Rup,IM_j}$ 和 $\sigma_{\ln IM_i|Rup,IM_j}$ 是该对数正态分布的均值和标准差，可分别表示为：

$$\mu_{\ln IM_i \mid \text{Rup}, IM_j}(rup_k, im_j) = \mu_{\ln IM_i \mid \text{Rup}}(rup_k) + \sigma_{\ln IM_i \mid \text{Rup}}(rup_k)\rho_{\ln IM_i, \ln IM_j \mid \text{Rup}}\varepsilon_{\ln IM_j}$$

$$(8.6)$$

$$\sigma_{\ln IM_i \mid \text{Rup}, IM_j}(rup_k, im_j) = \sigma_{\ln IM_i \mid \text{Rup}}(rup_k)\sqrt{1 - \rho^2_{\ln IM_i, \ln IM_j}} \quad (8.7)$$

式中，$\mu_{\ln IM_i \mid \text{Rup}}(rup_k)$ 和 $\sigma_{\ln IM_i \mid \text{Rup}}(rup_k)$ 可由 GMPE 求解得到，$\rho_{\ln IM_i, \ln IM_j \mid \text{Rup}}$ 为 $\ln IM_i$ 和 $\ln IM_j$ 之间的相关系数，$\varepsilon_{\ln IM_j}$ 计算公式可表示为：

$$\varepsilon_{\ln IM_j} = \frac{\ln IM_j - \mu_{\ln IM_j \mid \text{Rup}}}{\sigma_{\ln IM_j \mid \text{Rup}}} \quad (8.8)$$

8.2.2　水平和竖向地震动 GCIM 分布构建方法

本章 8.2.1 节中详细阐述了基于 GCIM 进行地震动选取时目标分布的构建过程，为了实现水平和竖向地震动联合选取，本节基于本书第 2、第 5 章中开发的水平-水平、水平-竖向 IM 相关系数模型，提出了水平和竖向地震动 GCIM 条件分布的构建方法。

从 GCIM 的基本原理可以看出，GCIM 理论的关键步骤就是基于 GMPE 和稳健的相关系数模型构建出准确的目标 IM 条件分布，即计算出生成条件分布所需的 IM 条件均值和对数标准差（即式（8.6）和式（8.7）），因此为了构建水平和竖向 GCIM 的条件分布，需要计算出水平和竖向目标 IM 的条件均值和对数标准差，可分别表示为：

$$\mu_{\ln IM_{V,i} \mid \text{Rup}, IM_{H,j}}(rup_k, im_{H,j}) = \mu_{\ln IM_{V,i} \mid \text{Rup}}(rup_k) +$$
$$\sigma_{\ln IM_{V,i} \mid \text{Rup}}(rup_k)\rho_{\ln IM_{V,i}, \ln IM_{H,j} \mid \text{Rup}}\varepsilon_{\ln IM_{H,j}} \quad (8.9)$$

$$\sigma_{\ln IM_{V,i} \mid \text{Rup}, IM_{H,j}}(rup_k, im_{H,j}) = \sigma_{\ln IM_{V,i} \mid \text{Rup}}(rup_k)\sqrt{1 - \rho^2_{\ln IM_i, \ln IM_{H,j}}} \quad (8.10)$$

式中，$\mu_{\ln IM_{V,i} \mid \text{Rup}}(rup_k)$ 和 $\sigma_{\ln IM_{V,i} \mid \text{Rup}}(rup_k)$ 分别为基于 rup_k 地震破裂情景下，竖向 GMPE 输出的目标 IM 对数均值以及对数标准差；$\rho_{\ln IM_{V,i}, \ln IM_{H,j} \mid \text{Rup}}$ 为水平和竖向 IM 间的相关系数，可从本书第 2、第 5 章建立的相关系数模型中获得；$\varepsilon_{\ln IM_{H,j}}$ 为水平 IM 的标准化总残差。需要说明的是，上述条件均值和对数标准差计算公式是以水平向 IM 作为条件来进行说明，但对于不同的水平和竖向地震动分析需求时，可选择任意方向 IM 作为条件。基于上述方法就可以获得多个水平和竖向目标 IM 的条件分布，从而实现水平和竖向地震动的联合选取。

8.3　基于 GCIM 的水平和竖向地震动联合选取方法与理论

8.3.1　GCIM 选取理论

本章 8.2 节中阐述了 GCIM 条件分布的构造方法，在此基础上，根据目标 IM 的条件分布对备选数据库进行匹配从而实现地震动选取。与 CMS 选取地震动不同，在进行地震动匹配时，GCIM 理论首先需要模拟出与目标分布等效的多元对数正态分布（即具有相同的均值向量和标准差向量以及相关结构），均值和标准差向量分别可表示为[50]：

$$\mu_{\ln IM|\mathrm{Rup},IM_j} = \{\mu_{\ln IM_1|\mathrm{Rup},IM_j}, \ \mu_{\ln IM_2|\mathrm{Rup},IM_j}, \ \mu_{\ln IM_3|\mathrm{Rup},IM_j}, \ \cdots, \ \mu_{\ln IM_n|\mathrm{Rup},IM_j}\}$$
(8.11)

$$\sigma_{\ln IM|\mathrm{Rup},IM_j} = \{\sigma_{\ln IM_1|\mathrm{Rup},IM_j}, \ \sigma_{\ln IM_2|\mathrm{Rup},IM_j}, \ \sigma_{\ln IM_3|\mathrm{Rup},IM_j}, \ \cdots, \ \sigma_{\ln IM_n|\mathrm{Rup},IM_j}\}$$
(8.12)

式中，相关结构可从本书建立的相关系数模型中获取。

由于 GCIM 方法涵盖的地震动 IM 较多，不同 IM 之间的物理意义、量级等方面可能存在一定差异，为了在匹配地震动时合理地考虑这种差异，需要将实际 IM 值与目标值之间的差值除以其标准差来进行标准化处理。另外，在面对不同的抗震分析需求时，对每个 IM 的关注程度也不同，需要在选取过程中应当对 IM 赋予不同的权重。综上所述，能够合理考虑以上不确定性的指标 $r_{\mathrm{m,nism}}$ 可表示为[50]：

$$r_{\mathrm{m,nism}} = \sum_{i=1}^{N_{IM_i}} w_i \left[\frac{\ln IM_i^{nism} - \ln IM_i^m}{\sigma_{\ln IM_i|\mathrm{Rup}^{nism},\ IM_j}}\right]^2$$
(8.13)

式中，IM_i^{nism} 是 IM_i 的模拟值，IM_i^m 是实际地震动记录 IM_i 的值，w_i 是权重系数，所考虑 IM 的权重总和为 1。对于每条实际地震动记录值和模拟值，都可按照式（8.13）计算指标 $r_{\mathrm{m,nism}}$，最后选择数值最小的地震动记录。

与其他地震动选取方法不同，GCIM 方法采用了地震动记录集合 IM 的经验累积分布与理论分布相匹配的方式，本章采用 K-S 检验来衡量经验分布与理论分布之间的差异，重复多次匹配过程计算 R 值，最后选取 R 值最小的地震动记录集合作为最优结果[50]：

$$R = \sum_{i=1}^{N_{IM_i}} w_i (D_{IM_i})^2$$
(8.14)

$$D_{\mathrm{Ngm}} = \max_{IM_i} |F_{IM_i|IM_j}(im_i | im_j) - S_{\mathrm{Ngm}}(im_i)|$$
(8.15)

8.3.2　水平和竖向地震动联合选取方法

目前对于竖向地震动的选取方法，多数为以 $Sa(T)$ 组成目标谱的形式，但上述方法无法考虑竖向地震动频谱以外其他特性，基于 GCIM 理论的竖向地震动选取方法能够克服上述选取方法不足。另外，对于水平和竖向地震动的联合选取方法，目前多数是采用两次匹配的形式，即先后分别选取符合各自目标谱的水平和竖向地震动，由于水平和竖向地震动是同一组地震动的不同分量，因此这样选取出的水平和竖向地震动很可能并不来自于同一地震事件。

　　为了实现水平和竖向地震动的联合选取（选取出地震动记录来自于同一地震事件），本书将水平和竖向地震动进行组合，通常情况下，一条单向地震动记录能计算出一组 IM 信息，即 $IM=\{IM_1,\ IM_2,\ IM_3,\cdots,IM_n\}$，同一地震事件的水平和竖向地震动可以得到两组分别包含水平和竖向的 IM 信息，将两组 IM 信息进行组合，得到该地震事件的全部 IM 信息组，即 $IM=\{IM_{H,1},$ $IM_{H,2},IM_{H,3},\cdots,IM_{H,n},IM_{V,1},IM_{V,2},IM_{V,3},\cdots,IM_{V,n}\}$，如图 8.1 所示。然后，将该 IM 信息组与目标分布进行匹配就能实现水平和竖向地震动记录的联合选取。采用这种方法能够选取出一组地震动记录，分别为两条水平和一条竖向地震动，该方法保证了选取的地震动来自于同一地震事件。尽管 GCIM 理论能够自定义目标 IM 的数量，但是由于联合选取时的 IM 信息组分别包含水平和竖向 IM，目标 IM 的数量会增多，这可能会加大地震匹配难度，并且水平和竖向地震动特性之间的不确定性也会导致选取出的地震动记录减少或者出现所选地震动记录集合的经验分布与理论分布不完全匹配的情况，可能的解决办法就是合理地分配权重 w_i，或者减少地震动选取数量。

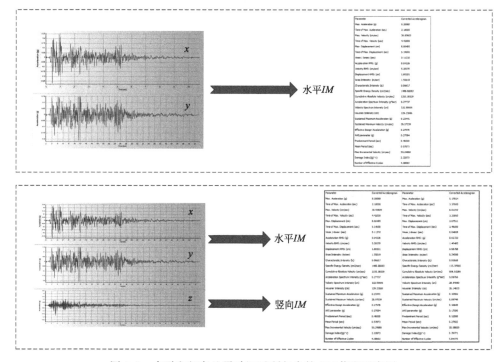

图 8.1　水平和竖向地震动记录所包含的 IM 信息示意图

　　对此本章提出一种基于 GCIM 的水平和竖向地震动联合选取方法，具体步骤见图 8.2，主要包括以下步骤：

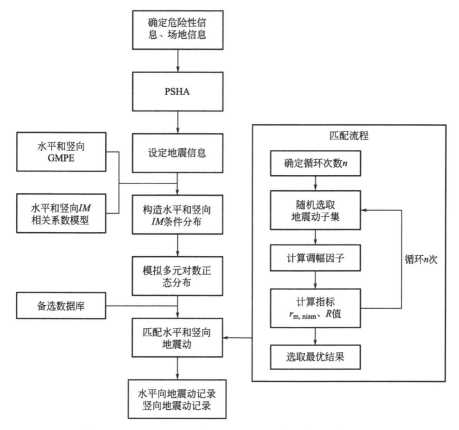

图 8.2　基于 GCIM 的水平和竖向地震动联合选取方法步骤

（1）确定初始条件：给出水平和竖向地震动选取的危险性水平和场地信息，选取条件 IM 与目标参数集 $IM_{H,v}$。

（2）PSHA 分析：对上述初始条件进行 PSHA 分析，得到某超越概率下，条件 IM 的危险性曲线。

（3）获取设定地震信息：对条件 IM 的危险性曲线进行解耦得到 N_{Rup} 个地震破裂情景，计算平均设定地震事件。

（4）构造水平和竖向 IM 条件分布：基于设定地震信息，根据式（8.9）和式（8.10），采用水平和竖向 IM 的 GMPE 和相关系数模型构建目标参数集 $IM_{H,v}$ 的条件分布。

（5）模拟多元对数正态分布：基于目标参数集 $IM_{H,v}$ 的条件均值和标准差向量，模拟出等效的水平和竖向 IM 多元对数正态分布。

（6）匹配水平和竖向地震动：首先确定需要循环的次数 n；其次从备选数据库中随机选取地震动子集，计算目标参数集 $IM_{H,v}$ 的调幅因子，基于模拟多元对数正态分布，计算指标 $r_{\mathrm{m,nism}}$ 与 R 值；最后从 n 次循环中选取最优结果，得到水平和竖向地震动记录。

8.4　水平和竖向地震动联合选取算例分析

8.4.1　水平和竖向地震动联合选取算例

　　基于上述方法，本节给出了基于 GCIM 的水平和竖向地震动联合选取实际算例。由于在地震动选取程序中，多数是以水平向为主，因此本算例以水平地震动 IM 作为条件，其余水平和竖向地震动 IM 为目标。但如果竖向地震动占主导地位，也可以将竖向 IM 作为条件。本算例将危险性水平设定为 50 年内超越概率为 10%，以 $Sa_{\mathrm{H}}(T=1.0\mathrm{s})$ 作为条件 IM，以地震动强度参数集 $IM_{\mathrm{H,V}}=\{Sa_{\mathrm{H}}(0.05\mathrm{s})$，$Sa_{\mathrm{H}}(0.1\mathrm{s})$，$Sa_{\mathrm{H}}(0.2\mathrm{s})$，$Sa_{\mathrm{H}}(0.3\mathrm{s})$，$Sa_{\mathrm{H}}(0.5\mathrm{s})$，$Sa_{\mathrm{H}}(2.0\mathrm{s})$，$Sa_{\mathrm{H}}(5.0\mathrm{s})$，$Sa_{\mathrm{H}}(10\mathrm{s})$，$D_{s595}$，$CAV_{\mathrm{H}}$，$AI_{\mathrm{H}}$，$PGV_{\mathrm{H}}$，$Sa_{\mathrm{V}}(0.05\mathrm{s})$，$Sa_{\mathrm{V}}(0.1\mathrm{s})$，$Sa_{\mathrm{V}}(0.2\mathrm{s})$，$Sa_{\mathrm{V}}(0.3\mathrm{s})$，$Sa_{\mathrm{V}}(0.5\mathrm{s})$，$Sa_{\mathrm{V}}(2.0\mathrm{s})$，$ASI_{\mathrm{V}}$，$SI_{\mathrm{V}}$，$EPA_{\mathrm{V}}$，$PGA_{\mathrm{V}}\}$ 作为目标，对水平和竖向地震动 IM 的条件分布进行构建。本算例中，作者采用 CB14、BC16、CB19 等 GMPE 和 1996 USGS 地震破裂预测模型[111]，通过 OpenSHA 软件[112] 获得位于 California 岩石场地（纬度 $=34.053$，经度 $=118.243$，$V_{\mathrm{S30}}=760\mathrm{m/s}$ $Sa_{\mathrm{H}}(T=1.0\mathrm{s})$）的地震危险性曲线，如图 8.3 所示。然后对该危险性曲线进行解耦，得到了该超越概率下可能导致地震危险的设定地震信息，如图 8.4 所示。

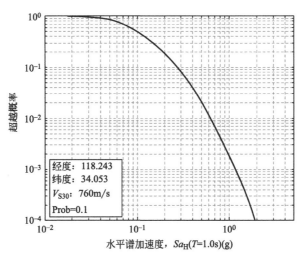

图 8.3　$Sa_{\mathrm{H}}(T=1.0\mathrm{s})$ 的危险性曲线

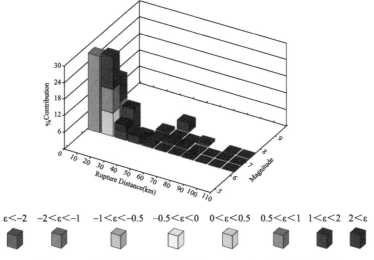

图 8.4　50 年内超越概率 10% 的 $Sa_H(T=1.0s)$ 危险性解耦

　　基于上述解耦的设定地震信息，将计算出目标参数集 $IM_{H,v}$ 的条件分布和"无条件"分布（仅使用 GMPE 计算得到均值和标准差直接生成，过程中忽略 IM 间相关性）进行对比，对比结果如图 8.5 和图 8.6 所示，可发现：CS_H 和 CS_V 均大于"无条件"分布，并且随着周期的增加，差异逐渐减小；目标参数集 $IM_{H,v}$ 的条件分布也不同于"无条件"分布，并且随着相关系数的降低，这种差异可能会变小，例如，$Sa_H(1.0s)$ 与 $Sa_H(0.1s)$ 之间的相关系数较小（$\rho=0.04$），

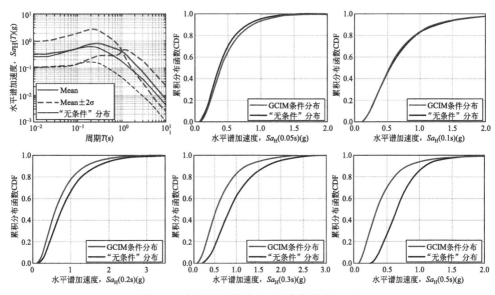

图 8.5　水平向地震动 IM 的条件分布（一）

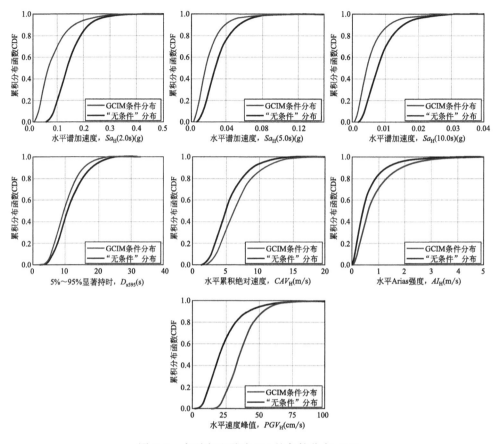

图 8.5 水平向地震动 IM 的条件分布（二）

但 $Sa_H(0.1s)$ 条件分布和无条件分布相似；相反，$Sa_H(1.0s)$ 与 PGV_H 之间的高度相关（$\rho=0.84$），其条件分布和无条件分布则存在显著不同。

上述现象表明：直接采用 GMPE 来进行地震动选取与实际情况不符，考虑水平和竖向 IM 之间的相关性来构建水平和竖向地震动目标谱是有意义的。另外，本节选择的 IM 只是本算例的范围，可以根据工程抗震实际需求选择任意 IM 进行地震动选取。

基于上述水平和竖向 IM 目标参数集的条件分布，采用 8.3.2 节提出的联合选取方法对地震动目标数据库中进行匹配。本节将 NGA-West2 数据库作为目标数据库，该数据库包含 21539 组地震动记录，其中某些地震动记录缺少竖向分量，另外编号 RSN4577-4839、RSN8055-9194 的地震动记录不能从 PEER 网站上检索到。因此，将上述地震动记录排除后，最后目标数据库共包含 16429 组地震动记录。

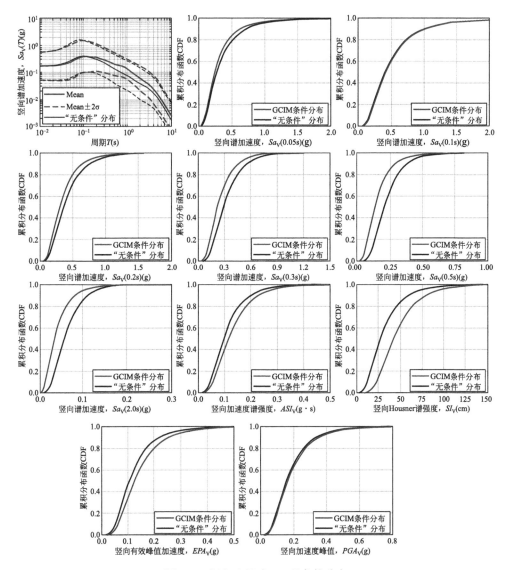

图 8.6 竖向地震动 *IM* 的条件分布

基于上述准备工作对水平和竖向地震动进行联合选取,为了说明考虑竖向地震动 *IM* 后选取方法的合理性,本节还展示了仅考虑水平地震动 *IM* 的选取结果,并将其与联合选取结果进行对比。

基于水平和竖向 GCIM 目标条件分布的联合选取结果见附录 D 表 D-1,共计 30 组地震动,本章将选取结果与理论分布和 KS 边界之间进行对比,结果见图 8.7,可发现:

(1)在显著性水平为 10% 的情况下,所选取地震动记录集的每个目标 *IM* 经

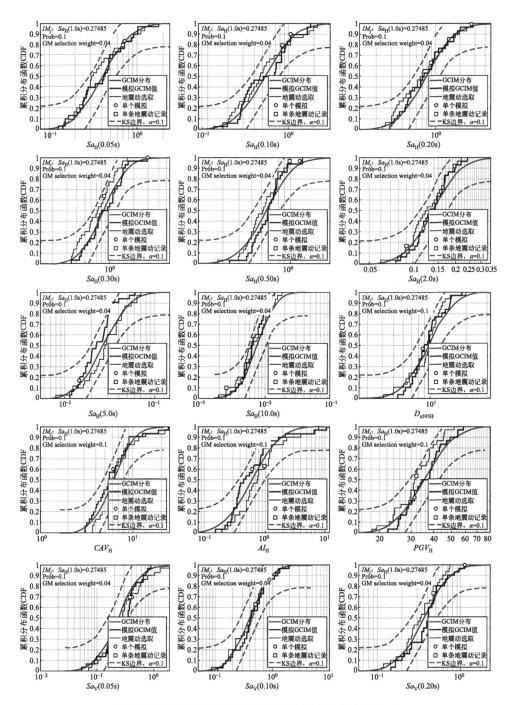

图 8.7　基于水平和竖向 GCIM 的地震动选取结果（一）

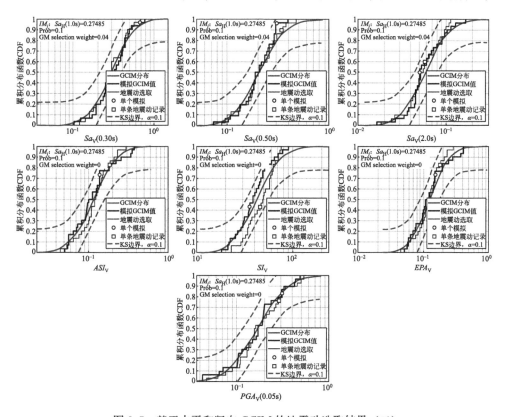

图 8.7　基于水平和竖向 GCIM 的地震动选取结果（二）

验累积分布与理论分布匹配良好，虽然极个别目标 IM 存在轻微触界的情况，但是也都通过了 KS 检验，接受了原假设。

（2）每个目标 IM 被分配了不同的权重，其中 D_{s595}、CAV_H、AI_H、PGV_H 分别被分配 0.1 的权重系数，不同振动周期的 $Sa_H(T)$、$Sa_V(T)$ 均分其余的 0.6 权重系数。但是 ASI_V、SI_V、EPA_V、PGA_V 并没有分配权重系数，这是因为本章考虑了短、中周期的 $Sa_V(T)$，而这 4 个 IM 与这些周期的 $Sa_V(T)$ 表现出良好的相关性（第 5 章内容），因此本章将权重系数分配给其他目标 IM 以达到最优选取效果。此外本章为了简便，对其他目标 IM 采取了均分权重的分配形式。在实际应用中，可以根据对不同地震动特性的关注程度和实际选取过程来调整权重系数。

所选地震动记录集的震级 M_W 和断层距 R_{rup} 分布情况如图 8.8 所示，可以看出，所选地震动记录的震级 M_W 和断层距 R_{rup} 大多分布在 6～7 级和 2～100km 区间里，震级均值 μ_{M_W} 断层距均值 $\mu_{R_{rup}}$ 分别为 6.5 级和 35km。另外，选取过程中 22 个目标 IM 调幅系数的经验累积分布如图 8.9 所示。能够看出，多数目标 IM 的调幅系数没有超过 5，不会出现由于调幅过大而造成地震动记录失真的情况。

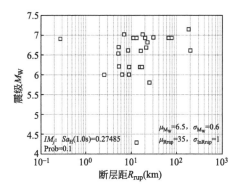

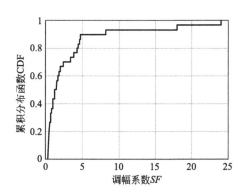

图 8.8　选取结果的震级和断层距分布　　　图 8.9　调幅系数分布

8.4.2　选取结果比较

　　为了与基于水平和竖向 GCIM 联合选取结果对比，本节仅考虑水平向 GCIM 对地震动进行选取，竖向直接采用与水平向选取结果相对应的竖向地震动记录，目标参数为 $IM_{\mathrm{H,V}}$ 中的 12 个水平 IM，即 $IM_{\mathrm{H}} = \{Sa_{\mathrm{H}}(0.05\mathrm{s})$，$Sa_{\mathrm{H}}(0.1\mathrm{s})$，$Sa_{\mathrm{H}}(0.2\mathrm{s})$，$Sa_{\mathrm{H}}(0.3\mathrm{s})$，$Sa_{\mathrm{H}}(0.5\mathrm{s})$，$Sa_{\mathrm{H}}(2.0\mathrm{s})$，$Sa_{\mathrm{H}}(5.0\mathrm{s})$，$Sa_{\mathrm{H}}(10.0\mathrm{s})$，$D_{\mathrm{s595}}$，$CAV_{\mathrm{H}}$，$AI_{\mathrm{H}}$，$PGV_{\mathrm{H}}\}$，仅基于水平向 GCIM 的地震动选取结果见附录 D 表 D-2，共计 30 组地震动记录，选取结果的累积经验分布与理论分布之间的比较见图 8.10，可以看出，与 8.4.1 节的选取结果类似，基于水平向 IM 所选取地震动记录集的经验累积分布与理论分布也匹配良好。

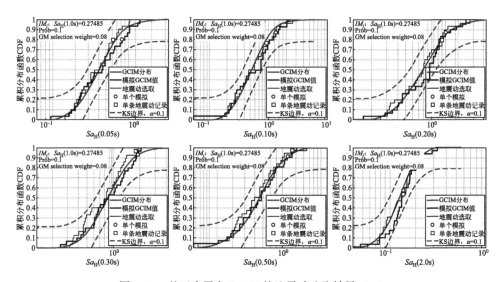

图 8.10　基于水平向 GCIM 的地震动选取结果（一）

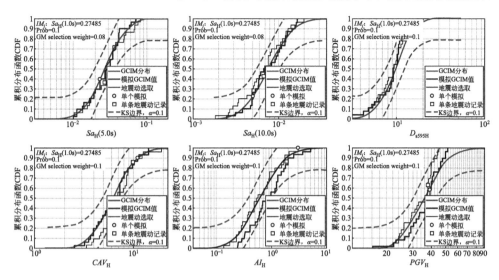

图 8.10 基于水平向 GCIM 的地震动选取结果（二）

另外，该次选取结果的震级、断层距和目标 IM 调幅系数的分布见图 8.11 和图 8.12，震级均值 μ_{M_W} 断层距均值 μ_{R_rup} 分别为 6.5 级和 29km，调幅系数依旧不超过 5，这与 8.4.1 节的情况相似。

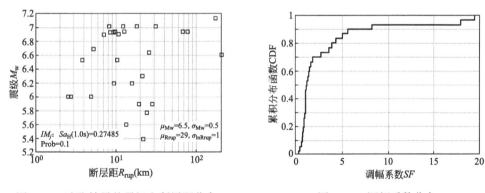

图 8.11 选取结果的震级和断层距分布　　　　图 8.12 调幅系数分布

本节将仅基于水平向 GCIM 选取结果的竖向地震动记录集的目标 IM（共计 10 个）经验累积分布与 8.4.1 节中联合选取结果及其理论分布进行比较，对比结果见图 8.13，可发现：仅基于水平向 GCIM 选取结果的所有竖向目标 IM 均超出 KS 界线（显著性水平为 10%），这表示均未通过 KS 检验；虽然 Sa_V（0.05s）与理论分布匹配相对于其他 IM 较好，但是也发生了触界现象；另外，基于水平和竖向 GCIM 选取结果的竖向目标 IM 经验累积分布与该竖向数据集也相差较大，这意味着"仅考虑水平 GCIM 对地震动进行选取，竖向地震动采用与结果相对应"的通用做法缺少对竖向地震动特性的考虑，会造成竖向地震动不符合预期的后果；值得注意的是，两次选取结果的震级和断层距分布较为相似，均值也十分接近，这意味着考虑了竖向 GCIM 的地震动选取并不会对水平向造成影响，并且能够更加合理地、全面地对水平和竖向地震动进行联合分析。

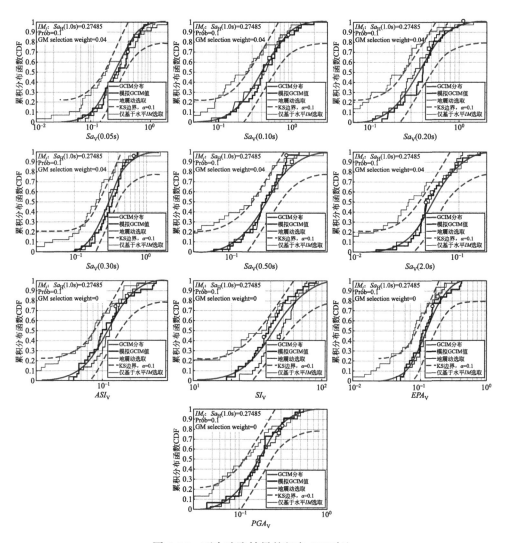

图 8.13　两次选取结果的竖向 IM 对比

8.5　本章小结

本章提出了基于水平和竖向 GCIM 的地震动联合选取方法，构建了水平和竖向 GCIM 的目标分布，从目标数据库中挑选出与之匹配的三向地震动记录，并且与仅考虑水平向 GCIM 的选取结果进行对比，主要研究结论如下：

（1）基于水平和竖向 IM 相关系数模型构建的目标 IM 分布与"无条件"分布之间存在一定差异，这种差异的变化与相关系数有关，随着相关系数的降低，差异可能会变小，表明考虑水平和竖向 IM 之间的相关性来构建水平和竖向地震动目标谱更加符合实际。

（2）基于水平和竖向 GCIM 联合选取出的三向地震动记录与目标理论分布匹配良好，所选地震动记录集的震级均值 $\mu_{M_{\mathrm{W}}}$、断层距均值 $\mu_{R_{\mathrm{rup}}}$ 与解耦出的平均目标设定地震差别不大。

（3）与仅考虑水平向 GCIM 地震动选取方法对比发现，基于水平和竖向 GCIM 的联合选取方法能够很好地考虑到竖向地震动特性，并且联合选取方法不会对水平向造成影响，在其基础上更加合理地、全面地对水平和竖向地震动进行联合分析。

第9章 结论与展望

9.1 结论

本书从 NGA-West2 数据库中筛选出 70 个地震事件的 2073 组水平和竖向地震动记录,然后采用经验相关性分析方法研究了水平和竖向、竖向和竖向 IM 之间的经验相关性(IM 包括 $Sa(T)$、ASI、VSI、DSI、SI、EPA、EPD、EPV、CAV、AI、D_{s575}、D_{s595}、PGA 和 PGV),验证了水平和竖向、竖向和竖向地震动 IM 服从多元对数正态分布假设,提出了基于多目标优化算法的水平和竖向地震动选取方法,提出了基于广义强度参数的水平和竖向地震动联合选取方法,基于上述研究,主要得到以下结论:

(1)地震动记录筛选与强度参数计算方面:PEER NGA-West2 数据库震级分布在 3~5.5 级、断层距分布在 0~350km 内的地震动数量最多,其次是震级 6.5~7.5 级、断层距为 0~300km;C 类和 D 类场地的地震动数量最多,A 类、B 类和 E 类占比最少;对于从 NGA-West2 数据库 CB14 模型筛选出的 70 个地震事件的 2073 组三向地震动记录,其中接近半数地震动记录的加速度峰值比 a_V/a_H 超过了规范中规定的 0.65,a_V/a_H 较大值集中出现在震级 $M_W=6.0$~7.5、断层距 $R_{rup}<40$km 范围内,而且 a_V/a_H 随着 V_{S30} 的增加而下降,超越 0.65 的记录主要分布在 C、D 两类场地中。

(2)水平地震动强度参数间经验相关性方面:频谱 IM 之间的相关系数取决于其定义周期范围,并且与定义周期内的 $Sa(T)$ 高度相关;累积效应 IM 和频谱 IM 之间的相关系数随着定义周期的增长而减小;CAV 和 AI 与 $Sa(T)$ 之间的相关系数变化趋势基本相同,整体呈中度相关;显著持时 D_{s575} 和 D_{s595} 与其他 IM 之间的相关性较弱或为负相关,与中、短周期内 $Sa(T)$ 呈负相关,并且相关系数随着周期的增长而逐渐增加,趋于 0;PGA 与短周期 $Sa(T)$ 高度相关,PGV 与中、长周期 $Sa(T)$ 之间的相关系数最高;本书观测到的相关系数结果与已有研究的变化趋势几乎相同,但本书的相关系数大多数都小于已有的研究。

(3)水平和竖向地震动谱型参数的相关性分析方面:计算了竖向地震动及水平和竖向地震动谱型参数的相关性系数,研究发现:不同地震动预测方程计算的相关系数模型对所选择的地震动预测方程不敏感;比较了计算的经验相关系数模型与参数化相关系数模型，进一步扩展了参数化相关系数模型的适用范围。

（4）水平和竖向地震动谱型参数联合分布验证方面：验证了竖向地震动及水平和竖向地震动谱型参数均服从多元正态联合分布。

（5）水平和竖向地震动强度参数间经验相关性方面：水平和竖向地震动的同种 IM 之间存在中等相关性，并且该相关性随着 IM 的定义周期逐渐增长而减小；两种情况（$IM_{i,H}$-$IM_{j,V}$ 和 $IM_{j,H}$-$IM_{i,V}$），相关系数的值大致相同，最大差值不超过 0.1；对于 IM 与 $Sa(T)$ 之间的相关性，两种情况的相关系数 IM_V-$Sa_H(T)$ 和 IM_H-$Sa_V(T)$ 具有大致相同的趋势，但在 $T=0.3\mathrm{s}$ 之前，$\rho_{\ln IM_V,\ln Sa_H}$ 略高于 $\rho_{\ln IM_H,\ln Sa_V}$，除 PGA 以外。在中周期内，这两种情况的相关系数较为接近，并且随着周期的增长，差异逐渐变大；对于竖向-竖向地震动 IM 之间的相关性：竖向-竖向 IM 相关系数情况与第 2 章水平-水平十分相似；水平-竖向、竖向-竖向 IM 之间的总残差近似遵循多元正态分布，虽然有少数样本点显示出偏差，这并不影响验证结果的正确性；本书观测到的水平-水平、水平-竖向和竖向-竖向 IM 间经验相关系数对震级 M_W、断层距 R_{rup} 和剪切波速 V_{S30} 不存在很强的潜在依赖性。

（6）水平和竖向地震动向量型概率危险性分析与条件谱生成方面：基于相关性模型和联合分布模型，提出了水平和竖向地震动向量型危险性分析和条件谱的理论公式。并结合理论公式，针对中国华南某核电厂厂址，进行了水平和竖向地震动向量型概率危险性分析与条件谱生成分析。

（7）基于多目标优化的水平和竖向地震动记录选取研究方面：基于贪心优化算法选取了水平和竖向地震动记录，选取的地震记录同时匹配了水平和竖向条件谱，最后计算了选取的地震动记录危险性，与水平和竖向地震动向量型危险性分析结果进行了比较，验证了所选地震动记录具有危险一致性。

（8）基于水平和竖向 GCIM 的地震动联合选取方法方面：基于水平和竖向 IM 相关系数模型构建的目标 IM 分布与"无条件"分布之间存在一定差异，这种差异的变化与相关系数有关，随着相关系数的降低，差异可能会变小；基于水平和竖向 GCIM 联合选取出的三向地震动记录与目标理论分布匹配良好，所选地震动记录集的震级均值 μ_{M_W}、断层距均值 $\mu_{R_{rup}}$ 与解耦出的平均目标设定地震差别不大，结果表明"仅考虑水平向 GCIM 地震动，竖向地震动直接采用与选取结果相对应的竖向分量"选取方法不能够很好地考虑到竖向地震动特性，联合选取方法不会对水平向造成影响，能够在已有选取方法基础上更加合理地、全面地对水平和竖向地震动进行联合选取分析。

9.2 创新点

本书创新点如下：

（1）基于 NGA-West2 数据库的 CB14 模型和 BC16 模型研究了水平-水平、水平-竖向和竖向-竖向地震动 IM 之间的经验相关性及其不确定性，建立了相关系数参数预测模型，并验证了水平和竖向地震动 IM 之间的多元正态分布假设，同时基于 $Sa(T)$ 的 GMPE 开发了有效峰值参数（EPA、EPV、EPD）的间接预测方程。

（2）基于 NGA-West2 地震动数据的水平 CB14 模型和竖向 BC16 模型，建立了竖向和竖向及水平和竖向地震动谱型参数相关性模型，验证了竖向和竖向地震动谱型参数及水平和竖向地震动谱型参数均服从多元正态联合分布的假设。

（3）提出了考虑谱型相关性的水平和竖向地震动向量型危险性分析和向量型条件谱生成方法，提出了基于多目标优化的水平和竖向地震动记录选取方法。

（4）给出了水平和竖向地震动 GCIM 分布的构建方法，提出了基于水平和竖向 GCIM 的地震动联合选取方法，并通过算例分析与已有选取方法比较，验证了本书给出方法的合理性与全面性。

9.3　展望

本书主要研究了水平和竖向地震动强度参数间的经验相关性，并提出了基于向量型条件谱和广义条件强度参数的水平和竖向地震动联合选取方法，虽然本书提出的联合选取方法较已有方法进行了改进且具有显著优势，但仍然有一些内容需要进一步深入研究：

（1）本书的联合选取方法是基于广义条件强度参数理论提出的，然而该理论在构建某一 IM 的目标分布时仅考虑了条件 IM 与该 IM 之间的相关性，并没有考虑目标参数集内 IM 之间的相关系数，应建立向量型广义条件强度参数理论，构建出考虑了全参数之间相关性的目标分布，并应用于水平和竖向的联合选取中。

（2）加速度反应谱是地震反应分析中十分重要的研究工具，虽然本书在选取过程中以单个周期 $Sa(T)$ 的形式考虑了频谱特性，但是多个周期 $Sa(T)$ 组成的反应谱仍然能够体现出更加全面的结构动力特性，因此应当将条件谱与广义条件强度参数相结合，共同对水平和竖向地震动进行联合选取，以考虑更多地震动特性。

（3）本书研究重点主要是提出了基于广义条件强度参数的水平和竖向地震动联合选取方法，并将该方法与传统做法对比说明了其合理性，但是本书没有将该方法应用于结构反应分析中，因此应当选取对竖向地震动敏感的结构（如高层、大跨桥梁、核电站等）进行地震反应分析，研究该方法对结构反应的影响。

附录 A 相关系数预测模型

A.1 相关系数预测模型的拟合参数

水平-水平相关系数预测模型的拟合参数　　　　　　　表 A.1

模型参数	n	e_n	a_n	b_n	c_n	d_n	模型参数	n	e_n	a_n	b_n	c_n	d_n
	0	0.01	—	—	—	—		0	0.01	—	—	—	—
	1	0.08	0.771	0.598	0.043	2.145		1	0.1	0.677	0.585	0.043	2.681
	2	0.26	0.563	0.864	0.150	1.453		2	0.24	0.585	0.694	1.309	1.007
$\rho_{\ln ASI,\ln Sa(T)}$	3	2.6	0.875	0.285	0.625	1.330	$\rho_{\ln CAV,\ln Sa(T)}$	3	2	0.643	0.318	0.497	1.321
	4	4.4	0.259	0.329	2.672	6.560		4	3.8	0.337	0.408	2.836	6.190
	5	10	29.644	0.159	0.226	0.859		5	10	0.410	0.177	7.127	4.270
	0	0.01	—	—	—	—		0	0.01	—	—	—	—
	1	0.085	0.475	0.167	0.044	2.118		1	0.05	0.600	−6.808	0.873	0.994
$\rho_{\ln VSI,\ln Sa(T)}$	2	1	0.160	0.842	0.228	1.586	$\rho_{\ln AI,\ln Sa(T)}$	2	0.667	0.570	0.102	0.436	1.116
	3	6.5	0.997	−0.453	34.319	0.289		3	2.8	0.263	0.118	0.824	2.498
	4	10	0.767	0.600	1.046	1.005		4	5.5	−0.157	0.180	0.930	0.990
	0	0.01	—	—	—	—		5	10	0.167	−0.023	7.884	6.061
	1	0.085	0.201	−0.038	0.044	2.364		0	0.01	—	—	—	—
$\rho_{\ln DSI,\ln Sa(T)}$	2	0.55	−0.053	0.642	0.256	1.482		1	0.085	−0.373	−0.185	0.049	1.639
	3	3.4	−0.700	1.912	0.564	0.176	$\rho_{\ln D_{s575},\ln Sa(T)}$	2	0.16	−0.167	−5.995	0.985	1.001
	4	10	1.044	0.771	4.889	2.206		3	0.35	1.171	−0.515	0.016	0.446
	0	0.01	—	—	—	—		4	4.6	−0.470	0.004	1.171	0.831
	1	0.085	0.453	0.137	0.044	2.136		5	10	−0.048	−0.180	7.196	5.495
$\rho_{\ln SI,\ln Sa(T)}$	2	1	0.124	0.864	0.233	1.487		0	0.01	—	—	—	—
	3	6	0.927	−0.188	17.388	0.481	$\rho_{\ln D_{s595},\ln Sa(T)}$	1	0.085	−0.327	−0.147	0.052	1.672
	4	10	0.848	0.630	1.045	1.004		2	0.4	−0.155	−0.359	0.156	2.078

模型参数	n	e_n	a_n	b_n	c_n	d_n	模型参数	n	e_n	a_n	b_n	c_n	d_n
$\rho_{\ln EPA, \ln Sa(T)}$	0	0.01	—	—	—	—	$\rho_{\ln D_{s595}, \ln Sa(T)}$	3	4	−0.394	−0.019	1.252	1.035
	1	0.085	0.776	0.605	0.043	2.177		4	6	0.848	−0.109	0.995	0.999
	2	0.26	0.548	0.873	0.145	1.295		5	10	8.869	−0.332	1.010	1.001
	3	2.6	0.878	0.279	0.621	1.313	$\rho_{\ln PGA, \ln Sa(T)}$	0	0.01	—	—	—	—
	4	4.4	0.256	0.325	2.689	6.516		1	0.085	1.001	0.862	0.051	2.027
	5	10	61.526	0.154	0.138	0.841		2	0.667	0.888	0.405	0.442	1.948
$\rho_{\ln EPV, \ln Sa(T)}$	0	0.01	—	—	—	—		3	2.8	1.155	0.163	0.443	0.913
	1	0.085	0.375	0.065	0.044	2.126		4	5.5	0.846	0.170	0.659	0.909
	2	1.2	0.029	0.886	0.253	1.283		5	10	8.518	−0.096	1.010	1.000
	3	6	1.001	−0.257	16.557	0.425	$\rho_{\ln PGV, \ln Sa(T)}$	0	0.01	—	—	—	—
	4	10	0.489	0.639	0.962	0.995		1	0.085	0.571	0.257	0.046	2.104
$\rho_{\ln EPD, \ln Sa(T)}$	0	0.01	—	—	—	—		2	0.667	0.251	0.847	0.223	1.626
	1	0.085	0.202	−0.038	0.044	2.364		3	2.8	0.842	0.793	1.801	2.450
	2	0.55	−0.052	0.642	0.255	1.483		4	5.5	1.103	0.763	0.966	0.991
	3	3.4	−0.698	1.908	0.561	0.177		5	10	0.741	0.766	1.000	1.000
	4	10	1.043	0.771	4.895	2.209							

水平-竖向相关系数预测模型的拟合参数　　　　**表 A.2**

模型参数	n	$IM_H\text{-}Sa(T)_V$					$IM_V\text{-}Sa(T)_H$				
		e_n	a_n	b_n	c_n	d_n	e_n	a_n	b_n	c_n	d_n
$\rho_{\ln ASI, \ln Sa(T)}$	0	0.01	—	—	—	—	0.01	—	—	—	—
	1	0.05	0.545	0.398	0.031	2.774	0.075	0.587	0.502	0.041	2.136
	2	0.25	0.385	0.607	0.101	1.542	0.25	0.492	0.664	0.229	1.072
	3	2.6	0.688	0.225	0.578	0.921	2.6	0.656	0.110	0.643	1.110
	4	6.5	0.268	0.149	4.699	5.602	3.5	−0.520	0.226	0.993	0.998
	5	10	−2.472	0.203	1.008	1.001	10	0.179	−0.088	6.780	2.306
$\rho_{\ln VSI, \ln Sa(T)}$	0	0.01	—	—	—	—	0.01	—	—	—	—
	1	0.05	0.199	−0.010	0.031	2.777	0.075	0.370	0.152	0.043	2.059
	2	1	−0.054	0.678	0.190	0.903	1	0.162	0.619	0.225	1.711
	3	6.5	0.671	0.188	3.930	1.008	3	0.607	0.529	2.013	5.097
	4	10	-2.336	0.619	2.123	0.996	10	0.540	0.386	4.720	4.307

模型参数	n	$IM_H\text{-}Sa(T)_V$					$IM_V\text{-}Sa(T)_H$				
		e_n	a_n	b_n	c_n	d_n	e_n	a_n	b_n	c_n	d_n
$\rho_{\ln DSI,\ln Sa(T)}$	0	0.01	—	—	—	—	0.01	—	—	—	—
	1	0.05	−0.011	−0.154	0.031	2.748	0.075	0.194	0.055	0.043	2.291
	2	2.5	−0.242	0.880	0.425	0.560	0.55	0.055	0.442	0.258	1.716
	3	7	0.739	0.480	4.678	3.181	4.4	0.403	0.862	1.995	1.046
	4	10	−4.755	0.628	0.996	1.000	10	0.800	0.645	6.742	1.901
$\rho_{\ln SI,\ln Sa(T)}$	0	0.01	—	—	—	—	0.01	—	—	—	—
	1	0.05	0.171	−0.040	0.031	2.794	0.075	0.337	0.122	0.043	2.089
	2	1	−0.080	0.705	0.204	0.900	1	0.129	0.614	0.235	1.630
	3	6	0.692	0.054	5.324	0.881	3	0.615	0.580	2.143	9.756
	4	10	−9.508	0.606	1.017	1.001	10	0.590	0.458	4.763	5.389
$\rho_{\ln EPA,\ln Sa(T)}$	0	0.01	—	—	—	—	0.01	—	—	—	—
	1	0.05	0.547	0.400	0.031	2.806	0.075	0.592	0.510	0.041	2.167
	2	0.22	0.382	0.613	0.101	1.447	0.25	0.500	0.671	0.246	1.033
	3	2.5	0.648	0.233	0.613	1.071	2.6	0.662	0.107	0.634	1.086
	4	6.5	0.261	0.151	4.723	6.200	3.5	−0.550	0.230	1.000	1.000
	5	10	−2.686	0.208	1.007	1.001	10	0.178	−0.095	6.837	2.368
$\rho_{\ln EPV,\ln Sa(T)}$	0	0.01	—	—	—	—	0.01	—	—	—	—
	1	0.05	0.111	−0.093	0.031	2.802	0.075	0.282	0.061	0.043	2.080
	2	1.2	−0.143	0.741	0.232	0.819	1.5	0.048	0.649	0.251	1.316
	3	6	0.765	0.052	4.549	0.774	10	0.644	0.424	4.216	2.107
	4	10	−10.036	0.616	1.016	1.001					
$\rho_{\ln EPD,\ln Sa(T)}$	0	0.01	—	—	—	—	0.01	—	—	—	—
	1	0.05	−0.011	−0.154	0.031	2.748	0.075	0.195	0.055	0.042	2.291
	2	2.2	−0.245	0.887	0.428	0.553	0.55	0.056	0.442	0.258	1.717
	3	7	0.740	0.479	4.678	3.128	4.4	0.403	0.862	1.996	1.046
	4	10	−4.771	0.629	0.996	1.000	10	0.800	0.645	6.751	1.901
$\rho_{\ln CAV,\ln Sa(T)}$	0	0.01	—	—	—	—					
	1	0.05	0.549	0.466	0.028	2.838			—		
	2	0.12	0.456	0.519	0.075	1.504					
	3	1.6	0.511	0.261	0.427	1.356					
	4	3.8	0.259	0.384	2.424	3.283					
	5	10	0.553	0.043	4.615	1.331					

模型参数	n	$IM_H\text{-}Sa(T)_V$					$IM_V\text{-}Sa(T)_H$				
		e_n	a_n	b_n	c_n	d_n	e_n	a_n	b_n	c_n	d_n
$\rho_{\ln AI,\ln Sa(T)}$	0	0.01	—	—	—	—					
	1	0.05	0.565	0.458	0.03	2.799					
	2	0.15	0.455	0.521	0.075	2.465					
	3	2	0.542	0.234	0.508	1.185					
	4	3.8	0.238	0.332	2.82	4.091					
	5	10	3.13	0.124	1.045	1.004					
$\rho_{\ln D_{s575},\ln Sa(T)}$	0	0.01	—	—	—	—					
	1	0.05	−0.11	−0.011	0.034	3.453					
	2	0.4	−0.012	−0.272	0.164	1.754					
	3	3.8	−0.287	0.155	1.991	0.825					
	4	5.5	0.84	−0.026	0.994	0.999					
	5	10	0.022	−0.287	7.539	4.388					
$\rho_{\ln D_{s595},\ln Sa(T)}$	0	0.01	—	—	—	—					
	1	0.05	−0.099	0.011	0.035	3.257					
	2	0.4	0.005	−0.239	0.152	1.833					
	3	3.8	−0.244	0.077	1.666	1.135					
	4	5.5	1.552	−0.086	0.971	0.996					
	5	10	−0.013	−0.311	7.662	4.403					
$\rho_{\ln PGA,\ln Sa(T)}$	0	0.01	—	—	—	—	0.01	—	—	—	—
	1	0.05	0.736	0.615	0.033	2.850	0.05	0.739	11.937	0.986	1.000
	2	0.16	0.607	0.696	0.080	1.440	0.16	0.770	0.687	0.142	4.541
	3	2.6	0.725	0.172	0.535	1.140	2.0	0.802	−0.042	0.412	1.096
	4	3.8	0.138	0.208	1.034	1.019	4.4	−0.235	0.020	1.034	1.014
	5	10	3.136	−0.006	1.007	1.001	10	0.010	−0.256	7.230	3.377
$\rho_{\ln PGV,\ln Sa(T)}$	0	0.01	—	—	—	—	0.01	—	—	—	—
	1	0.05	0.270	0.060	0.032	2.699	0.085	0.449	0.242	0.044	2.097
	2	0.667	−0.025	0.715	0.191	0.707	1	0.240	0.617	0.227	1.720
	3	2.8	0.615	0.600	1.387	23.513	4.4	0.619	0.638	8.640	0.624
	4	5.5	6.612	0.454	0.320	0.843	10	1.364	0.583	1.023	1.005
	5	10	0.463	0.563	7.575	11.399					

附录 B 地震动谱型参数相关系数

B.1 竖向和竖向地震动之间谱型参数相关系数

表 B.1

竖向和竖向地震动之间谱型参数相关系数

周期(s)	0.010	0.020	0.030	0.050	0.075	0.100	0.150	0.200	0.300	0.500	0.750	1.000	2.000	3.000	4.000	5.000	6.000	7.000	8.000	9.000	10.000
0.010	1.000	0.992	0.956	0.886	0.892	0.889	0.851	0.789	0.691	0.504	0.379	0.312	0.238	0.201	0.178	0.188	0.181	0.188	0.203	0.204	0.213
0.020	0.992	1.000	0.974	0.903	0.893	0.883	0.833	0.765	0.662	0.471	0.343	0.281	0.214	0.180	0.162	0.172	0.165	0.177	0.193	0.196	0.203
0.030	0.956	0.974	1.000	0.931	0.890	0.856	0.780	0.696	0.588	0.394	0.263	0.208	0.160	0.144	0.130	0.142	0.131	0.140	0.154	0.159	0.165
0.050	0.886	0.903	0.931	1.000	0.899	0.831	0.715	0.614	0.485	0.279	0.157	0.109	0.085	0.095	0.090	0.096	0.082	0.089	0.103	0.114	0.111
0.075	0.892	0.893	0.890	0.899	1.000	0.910	0.782	0.671	0.529	0.317	0.204	0.151	0.113	0.111	0.109	0.121	0.108	0.116	0.131	0.134	0.139
0.100	0.889	0.883	0.856	0.831	0.910	1.000	0.845	0.741	0.588	0.370	0.262	0.200	0.156	0.145	0.132	0.152	0.147	0.150	0.159	0.154	0.155
0.150	0.851	0.833	0.780	0.715	0.782	0.845	1.000	0.870	0.711	0.494	0.374	0.293	0.220	0.188	0.163	0.180	0.175	0.175	0.183	0.177	0.186
0.200	0.837	0.819	0.761	0.690	0.755	0.819	0.976	0.894	0.735	0.522	0.399	0.318	0.239	0.197	0.168	0.182	0.177	0.175	0.185	0.169	0.179
0.300	0.825	0.805	0.743	0.670	0.731	0.797	0.944	0.922	0.757	0.547	0.419	0.336	0.246	0.199	0.168	0.181	0.178	0.184	0.185	0.178	0.186

续表B.1

周期(s)	0.010	0.020	0.030	0.050	0.075	0.100	0.150	0.200	0.300	0.500	0.750	1.000	2.000	3.000	4.000	5.000	6.000	7.000	8.000	9.000	10.000
0.500	0.812	0.790	0.724	0.649	0.710	0.775	0.917	0.949	0.777	0.568	0.439	0.354	0.255	0.208	0.175	0.185	0.181	0.187	0.189	0.178	0.187
0.750	0.800	0.776	0.708	0.630	0.690	0.756	0.894	0.981	0.801	0.590	0.461	0.371	0.268	0.217	0.183	0.191	0.182	0.184	0.189	0.180	0.186
1.000	0.789	0.765	0.696	0.614	0.671	0.741	0.870	1.000	0.820	0.607	0.478	0.385	0.280	0.225	0.189	0.193	0.186	0.187	0.194	0.189	0.195
2.000	0.691	0.662	0.588	0.485	0.529	0.588	0.711	0.820	1.000	0.761	0.624	0.525	0.372	0.292	0.230	0.225	0.211	0.221	0.232	0.223	0.228
3.000	0.504	0.471	0.394	0.279	0.317	0.370	0.494	0.607	0.761	1.000	0.820	0.729	0.504	0.387	0.311	0.280	0.252	0.258	0.276	0.259	0.259
4.000	0.379	0.343	0.263	0.157	0.204	0.262	0.374	0.478	0.624	0.820	1.000	0.863	0.604	0.469	0.380	0.345	0.323	0.337	0.348	0.333	0.338
5.000	0.312	0.281	0.208	0.109	0.151	0.200	0.293	0.385	0.525	0.729	0.863	1.000	0.684	0.529	0.430	0.378	0.352	0.354	0.359	0.348	0.351
6.000	0.238	0.214	0.160	0.085	0.113	0.156	0.220	0.280	0.372	0.504	0.604	0.684	1.000	0.791	0.658	0.573	0.528	0.515	0.520	0.510	0.515
7.000	0.201	0.180	0.144	0.095	0.111	0.145	0.188	0.225	0.292	0.387	0.469	0.529	0.791	1.000	0.857	0.747	0.679	0.636	0.606	0.573	0.552
8.000	0.178	0.162	0.130	0.090	0.109	0.132	0.163	0.189	0.230	0.311	0.380	0.430	0.658	0.857	1.000	0.882	0.786	0.729	0.672	0.620	0.576
9.000	0.188	0.172	0.142	0.096	0.121	0.152	0.180	0.193	0.225	0.280	0.345	0.378	0.573	0.747	0.882	1.000	0.919	0.839	0.764	0.703	0.648
10.000	0.181	0.165	0.131	0.082	0.108	0.147	0.175	0.186	0.211	0.252	0.323	0.352	0.528	0.679	0.786	0.919	1.000	0.935	0.856	0.786	0.727

B.2　水平和竖向地震动之间谱型参数相关系数

水平和竖向地震动之间谱型参数相关系数

表 B.2

周期(s)	0.010	0.020	0.030	0.050	0.075	0.100	0.150	0.200	0.300	0.500	0.750	1.000	2.000	3.000	4.000	5.000	6.000	7.000	8.000	9.000	10.000
0.010	0.715	0.708	0.676	0.617	0.641	0.649	0.666	0.659	0.612	0.479	0.386	0.328	0.271	0.237	0.191	0.166	0.147	0.145	0.171	0.178	0.167
0.020	0.719	0.716	0.686	0.626	0.646	0.653	0.665	0.657	0.606	0.471	0.375	0.319	0.262	0.230	0.186	0.161	0.142	0.140	0.169	0.176	0.164
0.030	0.721	0.723	0.704	0.647	0.657	0.656	0.656	0.639	0.580	0.439	0.339	0.284	0.240	0.217	0.178	0.152	0.131	0.132	0.158	0.166	0.152
0.050	0.731	0.741	0.743	0.712	0.697	0.677	0.643	0.603	0.517	0.355	0.242	0.194	0.167	0.169	0.146	0.119	0.098	0.097	0.125	0.132	0.108
0.075	0.722	0.735	0.744	0.742	0.732	0.696	0.637	0.577	0.475	0.289	0.176	0.130	0.110	0.121	0.119	0.098	0.073	0.071	0.095	0.104	0.073
0.100	0.717	0.727	0.729	0.726	0.734	0.713	0.651	0.593	0.486	0.301	0.187	0.137	0.113	0.113	0.114	0.097	0.076	0.082	0.104	0.113	0.085
0.150	0.692	0.688	0.663	0.629	0.678	0.689	0.703	0.648	0.550	0.378	0.282	0.226	0.170	0.146	0.118	0.104	0.093	0.092	0.124	0.126	0.123
0.200	0.645	0.631	0.590	0.535	0.602	0.637	0.684	0.694	0.611	0.451	0.360	0.298	0.216	0.178	0.132	0.129	0.121	0.112	0.127	0.124	0.123
0.300	0.553	0.532	0.473	0.392	0.447	0.501	0.594	0.656	0.696	0.575	0.491	0.429	0.314	0.255	0.187	0.181	0.160	0.151	0.163	0.159	0.174
0.500	0.379	0.350	0.282	0.184	0.235	0.307	0.421	0.528	0.635	0.684	0.623	0.565	0.436	0.353	0.266	0.228	0.196	0.184	0.196	0.187	0.192
0.750	0.276	0.245	0.173	0.073	0.129	0.199	0.319	0.426	0.552	0.666	0.709	0.654	0.501	0.398	0.288	0.245	0.210	0.205	0.227	0.225	0.244
1.000	0.212	0.182	0.112	0.015	0.069	0.132	0.245	0.344	0.471	0.622	0.690	0.715	0.571	0.464	0.349	0.288	0.246	0.229	0.240	0.237	0.252

续表B.2

周期(s)	0.010	0.020	0.030	0.050	0.075	0.100	0.150	0.200	0.300	0.500	0.750	1.000	2.000	3.000	4.000	5.000	6.000	7.000	8.000	9.000	10.000
2.000	0.130	0.105	0.047	-0.032	0.013	0.058	0.130	0.214	0.320	0.484	0.575	0.642	0.723	0.618	0.505	0.414	0.355	0.337	0.361	0.358	0.352
3.000	0.095	0.073	0.029	-0.029	0.005	0.035	0.087	0.156	0.247	0.376	0.467	0.538	0.700	0.710	0.609	0.508	0.425	0.398	0.406	0.394	0.366
4.000	0.104	0.088	0.047	0.001	0.029	0.060	0.101	0.150	0.214	0.300	0.372	0.441	0.636	0.699	0.662	0.573	0.483	0.448	0.440	0.423	0.377
5.000	0.103	0.089	0.057	0.010	0.040	0.075	0.104	0.145	0.183	0.247	0.310	0.366	0.581	0.676	0.666	0.616	0.545	0.504	0.494	0.471	0.423
6.000	0.108	0.097	0.067	0.022	0.058	0.085	0.115	0.149	0.170	0.234	0.293	0.334	0.540	0.654	0.640	0.614	0.566	0.549	0.532	0.501	0.456
7.000	0.096	0.089	0.062	0.017	0.047	0.077	0.104	0.134	0.158	0.215	0.267	0.300	0.505	0.609	0.600	0.593	0.557	0.563	0.552	0.528	0.480
8.000	0.095	0.090	0.059	-0.003	0.042	0.075	0.093	0.112	0.136	0.199	0.248	0.274	0.465	0.571	0.568	0.566	0.528	0.556	0.553	0.547	0.523
9.000	0.102	0.096	0.068	0.001	0.054	0.087	0.103	0.123	0.148	0.202	0.253	0.277	0.463	0.560	0.544	0.550	0.526	0.559	0.565	0.564	0.550
10.000	0.108	0.101	0.074	0.005	0.065	0.094	0.118	0.138	0.155	0.219	0.266	0.286	0.465	0.555	0.524	0.528	0.499	0.544	0.564	0.566	0.562

附录 C 基于条件谱的地震动记录挑选结果

C.1 以 $Sa_H(0.1s)$ 为条件参数的条件谱的最终地震动挑选结果

以 $Sa_H(0.1s)$ 为条件参数的条件谱的最终地震动挑选结果   表 C.1

序号	地震名称	记录序号	M_w	R_{jb}
1	新潟	4170	6.63	47.45
2	鸟取	3954	6.61	15.58
3	集集	3019	6.2	31.33
4	迪兹杰	1617	7.14	3.93
5	摩根山	459	6.19	9.85
6	新潟	4169	6.63	30.55
7	岩手	5666	6.9	45.55
8	北岭	1651	6.05	1.48
9	岩手	5620	6.9	20.47
10	集集	3038	6.2	43.39
11	北岭	964	6.69	42.96
12	圣费尔南多	57	6.61	19.33
13	中越冲	5262	6.8	10.99
14	新潟	4193	6.63	45.39
15	神户	1102	6.9	49.91
16	集集	2928	6.2	47.59
17	北岭	1003	6.69	21.17
18	集集	2821	6.2	30.12
19	中越冲	5250	6.8	34.31
20	集集	3475	6.3	0

C. 2 以 $Sa_H(1s)$ 为条件参数的条件谱的最终地震动挑选结果

以 $Sa_H(1s)$ 为条件参数的条件谱的最终地震动挑选结果　　　表 C. 2

序号	地震名称	记录序号	M_w	R_{jb}
1	黑山	4455	7.1	23.59
2	洛马·普雷塔	732	6.93	43.06
3	岩手	5782	6.9	47.01
4	科灵加	338	6.36	28.11
5	中越冲	4859	6.8	11.35
6	集集	1187	7.62	38.13
7	圣费尔南多	57	6.61	19.33
8	集集	2466	6.2	33.86
9	洛马·普雷塔	731	6.93	41.71
10	集集	3463	6.3	46.69
11	集集	3505	6.3	23.63
12	北岭	1019	6.69	35.46
13	集集	2709	6.2	25.01
14	集集	2495	6.2	21.34
15	海角门多西诺	3745	7.01	43.82
16	北岭	1030	6.69	37.23
17	科灵加	369	6.36	25.98
18	科灵加	341	6.36	37.92
19	中越冲	4884	6.8	37.84
20	岩手	5816	6.9	42.02

C. 3 以 $Sa_V(0.1s)$ 为条件参数的条件谱的最终地震动挑选结果

以 $Sa_V(0.1s)$ 为条件参数的条件谱的最终地震动挑选结果　　　表 C. 3

序号	地震名称	记录序号	M_w	R_{jb}
1	马那瓜	95	6.24	3.51
2	鸟取	3908	6.61	28.81
3	迪兹杰	1617	7.14	3.93

序号	地震名称	记录序号	M_w	R_{jb}
4	鸟取	3948	6.61	23.64
5	岩手	5620	6.9	20.47
6	中越冲	5262	6.8	10.99
7	集集	2821	6.2	30.12
8	棕榈泉	537	6.06	16.55
9	摩根山	449	6.19	39.08
10	集集	3038	6.2	43.39
11	集集	3018	6.2	39.29
12	中越冲	5250	6.8	34.31
13	帝谷	165	6.53	7.29
14	集集	3019	6.2	31.33
15	摩根山	459	6.19	9.85
16	鸟取	3936	6.61	34.64
17	集集	2928	6.2	47.59
18	中越冲	5251	6.8	33.8
19	圣费尔南多	57	6.61	19.33
20	集集	2820	6.2	39.71

C.4 以 $Sa_v(1s)$ 为条件参数的条件谱的最终地震动挑选结果

以 $Sa_v(1s)$ 为条件参数的条件谱的最终地震动挑选结果　　表 C.4

序号	地震名称	记录序号	M_w	R_{jb}
1	棕榈泉	519	6.06	34.48
2	洛马·普雷塔	732	6.93	43.06
3	岩手	5816	6.9	42.02
4	集集	3505	6.3	23.63
5	岩手	5782	6.9	47.01
6	北岭	1030	6.69	37.23
7	中越冲	4884	6.8	37.84
8	科灵加	338	6.36	28.11
9	维多利亚	269	6.33	6.07
10	集集	2709	6.2	25.01

序号	地震名称	记录序号	M_w	R_{jb}
11	科灵加	341	6.36	37.92
12	集集	1201	7.62	14.82
13	科灵加	369	6.36	25.98
14	集集	3463	6.3	46.69
15	科灵加	342	6.36	36.14
16	中越冲	4859	6.8	11.35
17	集集	2466	6.2	33.86
18	集集	1187	7.62	38.13
19	科灵加	359	6.36	24.83
20	弗留利	125	6.5	14.97

C.5 以 $Sa_H(0.1s)$ 和 $Sa_V(0.1s)$ 为条件参数的向量型条件谱的最终地震动挑选结果

以 $Sa_H(0.1s)$ 和 $Sa_V(0.1s)$ 为条件参数的向量型条件谱的最终地震动挑选结果

表C.5

序号	地震名称	记录序号	M_w	R_{jb}
1	巴姆	4054	6.6	46.2
2	科灵加	338	6.36	28.11
3	集集	3463	6.3	46.69
4	科灵加	334	6.36	41.04
5	科灵加	359	6.36	24.83
6	集集	2498	6.2	49.69
7	强台阵1(40)	3657	6.32	56.96
8	集集	1575	7.62	50.47
9	集集	1588	7.62	55.47
10	科灵加	343	6.36	33.42
11	集集	3490	6.3	40.35
12	集集	2495	6.2	21.34
13	集集	1295	7.62	46.65
14	集集	3505	6.3	23.63
15	科灵加	347	6.36	30.43

序号	地震名称	记录序号	M_w	R_{jb}
16	集集	1286	7.62	41.65
17	洛马·普雷塔	732	6.93	43.06
18	科灵加	348	6.36	35.04
19	集集	3343	6.3	38.41
20	中越冲	4884	6.8	37.84

C.6 以 $Sa_H(1s)$ 和 $Sa_V(1s)$ 为条件参数的向量型条件谱的最终地震动挑选结果

以 $Sa_H(1s)$ 和 $Sa_V(1s)$ 为条件参数的向量型条件谱的最终地震动挑选结果 表 C.6

序号	地震名称	记录序号	M_w	R_{jb}
1	集集	2996	6.2	49.84
2	新潟	4223	6.63	30.18
3	北岭	999	6.69	35.43
4	岩手	5620	6.9	20.47
5	鸟取	3954	6.61	15.58
6	集集	3512	6.3	44.62
7	集集	3220	6.2	41.46
8	岩手	5622	6.9	36.75
9	集集	3346	6.3	35.44
10	摩根山	449	6.19	39.08
11	集集	3475	6.3	0
12	鸟取	3969	6.61	32.75
13	神户	1102	6.9	49.91
14	岩手	5817	6.9	37.72
15	洛马·普雷塔	809	6.93	12.15
16	巴姆	4054	6.6	46.2
17	中越冲	5292	6.8	57.07
18	集集	3038	6.2	43.39
19	集集	3206	6.2	50.78
20	岩手	5671	6.9	59.56

附录 D　基于 GCIM 目标条件分布的地震动选取结果

D.1　基于水平和竖向 GCIM 目标条件分布的选取结果

基于水平和竖向 GCIM 目标条件分布的选取结果　　　表 D.1

序号	记录序号	地震名称	调幅系数	震级 M_W	断层距 R_{rup}	V_{S30}
1	33	Parkfield	1.87	6.19	15.96	527.92
2	184	Imperial Valley-06	0.64	6.53	5.09	202.26
3	212	Livermore-01	2.08	5.8	24.95	403.37
4	549	Chalfant Valley-02	1.08	6.19	17.17	303.47
5	587	New Zealand-02	1.328	6.6	16.09	551.3
6	754	Loma Prieta	1.698	6.93	20.8	295.01
7	764	Loma Prieta	0.748	6.93	10.97	308.55
8	767	Loma Prieta	0.87	6.93	12.82	349.85
9	787	Loma Prieta	0.52	6.93	30.86	425.3
10	788	Loma Prieta	3.38	6.93	73	895.36
11	792	Loma Prieta	3.87	6.93	68.16	362.4
12	794	Loma Prieta	2.49	6.93	71.33	582.9
13	796	Loma Prieta	1.10	6.93	77.43	594.47
14	813	Loma Prieta	4.54	6.93	75.17	659.81
15	825	Cape Mendocino	0.45	7.01	6.96	567.78
16	1020	Northridge-01	4.44	6.69	21.36	602.1
17	1086	Northridge-01	0.42	6.69	5.3	440.54
18	1119	Kobe, Japan	0.33	6.9	0.27	312
19	1759	Hector Mine	8.18	7.13	176.59	276.39
20	3746	Cape Mendocino	0.63	7.01	18.31	459.04
21	3966	Tottori, Japan	1.56	6.61	8.83	420.2
22	4046	Bam, Iran	17.90	6.6	208.57	543.26

序号	记录序号	地震名称	调幅系数	震级 M_W	断层距 R_{rup}	V_{S30}
23	4071	Parkfield-02,CA	1. 32	6	2. 57	397. 57
24	4116	Parkfield-02,CA	0. 46	6	8. 81	246. 07
25	4121	Parkfield-02,CA	4. 70	6	6. 3	450. 61
26	4842	Chuetsu-oki	1. 59	6. 8	22. 74	655. 45
27	8063	Christchurch,New Zealand	0. 37	6. 2	5. 55	187
28	8110	Christchurch,New Zealand	4. 31	6. 2	16. 13	649. 67
29	8118	Christchurch,New Zealand	0. 73	6. 2	9. 06	263. 2
30	11700	40234037	24. 10	4. 3	12. 92	369. 4

D. 2　仅基于水平 GCIM 目标条件分布的选取结果

仅基于水平 GCIM 目标条件分布的选取结果　　　　表 D. 2

序号	记录序号	地震名称	调幅系数	震级 M_W	断层距 R_{rup}	V_{S30}
1	30	Parkfield	1. 61	6. 19	9. 58	289. 56
2	33	Parkfield	1. 87	6. 19	15. 96	527. 92
3	161	Imperial Valley-06	1. 06	6. 53	10. 42	208. 71
4	183	Imperial Valley-06	0. 79	6. 53	3. 86	206. 08
5	292	Irpinia,Italy-01	0. 86	6. 9	10. 84	382
6	311	SMART1(5)	3. 54	5. 9	28. 31	267. 67
7	318	Westmorland	5. 64	5. 9	19. 37	362. 38
8	502	Mt. Lewis	1. 39	5. 6	13. 54	281. 61
9	546	Chalfant Valley-01	19. 44	5. 77	24. 45	456. 83
10	763	Loma Prieta	1. 45	6. 93	9. 96	729. 65
11	765	Loma Prieta	1. 22	6. 93	9. 64	1428. 14
12	767	Loma Prieta	0. 87	6. 93	12. 82	349. 85
13	792	Loma Prieta	3. 87	6. 93	68. 16	362. 4
14	796	Loma Prieta	1. 10	6. 93	77. 43	594. 47
15	802	Loma Prieta	0. 69	6. 93	8. 5	380. 89
16	828	Cape Mendocino	0. 34	7. 01	8. 18	422. 17
17	1086	Northridge-01	0. 42	6. 69	5. 3	440. 54
18	1111	Kobe,Japan	0. 96	6. 9	7. 08	609
19	1759	Hector Mine	8. 18	7. 13	176. 59	276. 39

续表D.2

序号	记录序号	地震名称	调幅系数	震级 M_W	断层距 R_{rup}	V_{S30}
20	3744	Cape Mendocino	0.74	7.01	12.24	566.42
21	3746	Cape Mendocino	0.63	7.01	18.31	459.04
22	3747	Cape Mendocino	1.05	7.01	31.46	492.74
23	4046	Bam,Iran	17.90	6.6	208.57	543.26
24	4064	Parkfield-02,CA	2.68	6	4.93	656.75
25	4071	Parkfield-02,CA	1.32	6	2.57	397.57
26	4131	Parkfield-02,CA	1.08	6	2.75	284.21
27	4213	Niigata,Japan	1.14	6.63	25.82	654.76
28	4472	L'Aquila,Italy	4.25	6.3	21.4	612.78
29	8124	Christchurch,New Zealand	1.08	6.2	9.44	293
30	8822	14383980	4.97	5.39	21.73	318.1

参考文献

[1] Nayak C B. A state-of-the-art review of vertical ground motion (VGM) characteristics, effects and provisions [J]. Innovative Infrastructure Solutions，2021，6（2）：124.

[2] Hamada M，Ohmachi T. Evaluation of Earthquake-induced Displacement and Strain of the Surface Ground in Near-field [J]. Hanshin-Awaji Dai-shinsai ni kansuru Gakujyutsu-Kouenkai ronbunsyuu，1996：69-80.

[3] Chouw N，Hao H. Pounding damage to buildings and bridges in the 22 February 2011 Christchurch earthquake [J]. International Journal of Protective Structures，2012，3（2）：123-139.

[4] 李宁，刘洪国，刘平，等. 近断层竖向地震动特征统计分析 [J]. 土木工程学报，2020，53（10）：120-128.

[5] 周正华，周雍年，卢滔，等. 竖向地震动特征研究 [J]. 地震工程与工程振动，2003，23（3）：25-29.

[6] 韩建平，周伟. 汶川地震竖向地震动特征初步分析 [J]. 工程力学，2012，29（12）：211-219.

[7] 韩建平，魏宏亮. 基于不同地震事件数据的竖向地震动特性统计分析 [J]. 土木工程学报，2013，46（S1）：127-133.

[8] 李英成，陈清军. 基于汶川 8.0 级强震记录的近场地震动特征分析 [J]. 灾害学，2012，27（1）：17-22.

[9] 谢俊举，温增平，高孟潭，等. 2008 年汶川地震近断层竖向与水平向地震动特征 [J]. 地球物理学报，2010，53（8）：1796-1805.

[10] Bernier C，Monteiro R，Paultre P. Using the conditional spectrum method for improved fragility assessment of concrete gravity dams in Eastern Canada [J]. Earthquake Spectra，2016，32（3）：1449-1468.

[11] Aryan H，Ghassemieh M. Numerical assessment of vertical ground motion effects on highway bridges [J]. Canadian Journal of Civil Engineering，2020，47（7）：790-800.

[12] Najafijozani M，Becker T C，Konstantinidis D. Evaluating adaptive vertical seismic isolation for equipment in nuclear power plants [J]. Nuclear Engineering and Design，2020，358：110399.

[13] 朱瑞广. 主余震序列地震动的条件均值谱与挑选方法研究 [D]. 哈尔滨：哈尔滨工业大学，2017.

[14] Baker J W. An introduction to probabilistic seismic hazard analysis [J]. White paper version，2013，2（1）：79.

[15] 王晓磊，吕大刚．核电厂地震概率风险评估研究综述 [J]．土木工程学报，2016，49 (11)：52-68.

[16] 王晓磊．基于场地危险性和目标谱的核电安全壳概率地震风险分析 [D]．哈尔滨：哈尔滨工业大学，2018.

[17] Baker J W. Conditional mean spectrum：Tool for ground-motion selection [J]. Journal of Structural Engineering，2011，137 (3)：322-331.

[18] Lin T，Harmsen S C，Baker J W，et al. Conditional spectrum computation incorporating multipl ecausal earthquakes and ground-motion prediction models [J]. Bulletin of the Seismological Society of America，2013，103 (2A)：1103-1116.

[19] Bradley B A. A generalized conditional intensity measure approach and holistic ground-motion selection [J]. Earthquake Engineering & Structural Dynamics，2010，39 (12)：1321-1342.

[20] Baker J W，Jayaram N. Correlation of spectral acceleration values from NGA ground motion models [J]. Earthquake Spectra，2008，24 (1)：299-317

[21] Abrahamson N，Silva W. Summary of the Abrahamson & Silva NGA ground-motion relations [J]. Earthquake Spectra，2008，24 (1)：67-97.

[22] Boore D M，Atkinson G M. Ground-motion prediction equations for the average horizontal component of PGA，PGV，and 5%-damped PSA at spectral periods between 0.01s and 10.0 s [J]. Earthquake Spectra，2008，24 (1)：99-138.

[23] Campbell K W，Bozorgnia Y. NGA ground motion model for the geometric mean horizontal component of PGA，PGV，PGD and 5% damped linear elastic response spectra for periods ranging from 0.01 to 10s [J]. Earthquake Spectra，2008，24 (1)：139-171.

[24] Chiou B S J，Youngs R R. An NGA model for the average horizontal component of peak ground motion and response spectra [J]. Earthquake Spectra，2008，24 (1)：173-215.

[25] Jayaram N，Baker J W. Statistical tests of the joint distribution of spectral acceleration values [J]. Bulletin of the Seismological Society of America，2008，98 (5)：2231-2243.

[26] Bradley B A. Empirical correlation of PGA，spectral accelerations and spectrum intensities from active shallow crustal earthquakes [J]. Earthquake Engineering & Structural Dynamics，2011，40 (15)：1707-1721.

[27] Bradley B A. Empirical correlations between peak ground velocity and spectrum-based intensity measures [J]. Earthquake Spectra，2012，28 (1)：17-35.

[28] Bradley B A. Correlation of significant duration with amplitude and cumulative intensity measures and its use in ground motion selection [J]. Journal of Earthquake Engineering，2011，15 (6)：809-832.

[29] Bradley B A. Empirical correlations between cumulative absolute velocity and amplitude-based ground motion intensity measures [J]. Earthquake Spectra，2012，28 (1)：37-54.

［30］ Bradley B A. Correlation of arias intensity with amplitude，duration and cumulative intensity measures ［J］. Soil Dynamics and Earthquake Engineering，2015，78：89-98.

［31］ 褚延涵. 地震地面运动加速度记录与强度参数选择的统计方法研究 ［D］. 哈尔滨：哈尔滨工业大学，2010.

［32］ 王德才. 基于能量分析的地震动输入选择及能量谱研究 ［D］. 合肥：合肥工业大学，2010.

［33］ Ancheta T D，Darragh R B，Stewart J P，et al. NGA-West2 database ［J］. Earthquake Spectra，2014，30（3）：989-1005.

［34］ Baker J W，Bradley B A. Intensity measure correlations observed in the NGA-West2 database，and dependence of correlations on rupture and site measures ［J］. Earthquake Spectra，2017，33（1）：145-156.

［35］ Ji K，Bouaanani N，Wen R，et al. Correlation of spectral accelerations for earthquakes in China ［J］. Bulletin of the Seismological Society of America，2017，107（3）：1213-1226.

［36］ 冀昆. 我国不同抗震设防需求下的强震动记录选取研究 ［D］. 哈尔滨：中国地震局工程力学研究所，2018.

［37］ Ji K，Ren Y，Wen R. Empirical correlations between generalized ground-motion intensity measures for earthquakes in China ［J］. Bulletin of the Seismological Society of America，2021，111（1）：274-294.

［38］ Papadopoulos A N，Kohrangi M，Bazzurro P. Correlation of spectral acceleration values of mainshock-aftershock ground motion pairs ［J］. Earthquake Spectra，2019，35（1）：39-60.

［39］ Cornell C A. Engineering seismic risk analysis ［J］. Bulletin of the Seismological Society of America，1968，58（5）：1583-1606.

［40］ Baker J W，Cornell C A. Correlation of response spectral values for multicomponent ground motions ［J］. Bulletin of the Seismological Society of America，2006，96（1）：215-227.

［41］ Chiou B，Darragh R，Gregor N，et al. NGA project strong-motion database ［J］. Earthquake Spectra，2008，24（1）：23-44.

［42］ Gülerce Z，Abrahamson N A. Site-specific design spectra for vertical ground motion ［J］. Earthquake Spectra，2011，27（4）：1023-1047.

［43］ Bozorgnia Y，Campbell K W. Ground motion model for the vertical-to-horizontal（V/H）ratios of PGA，PGV，and response spectra ［J］. Earthquake Spectra，2016，32（2）：951-978.

［44］ Huang Y N，Yen W Y，Whittaker A S. Correlation of horizontal and vertical components of strong ground motion for response-history analysis of safety-related nuclear facilities ［J］. Nuclear Engineering and Design，2016，310：273-279.

［45］ Gülerce Z，Kamai R，Abrahamson N A，et al. Ground motion prediction equations for the vertical ground motion component based on the NGA-W2 database ［J］. Earthquake Spectra，2017，33（2）：499-528.

［46］ Kohrangi M，Papadopoulos A N，Bazzurro P，et al. Correlation of spectral acceleration values of vertical and horizontal ground motion pairs ［J］. Earthquake Spectra，2020，36（4）：2112-2128.

［47］ Abrahamson N A，Silva W J，Kamai R. Summary of the ASK14 ground motion relation for active crustal regions ［J］. Earthquake Spectra，2014，30（3）：1025-1055.

［48］ Boore D M，Stewart J P，Seyhan E，et al. NGA-West2 equations for predicting PGA，PGV，and 5% damped PSA for shallow crustal earthquakes ［J］. Earthquake Spectra，2014，30（3）：1057-1085.

［49］ Stewart J P，Boore D M，Seyhan E，et al. NGA-West2 equations for predicting vertical-component PGA，PGV，and 5%-damped PSA from shallow crustal earthquakes ［J］. Earthquake Spectra，2016，32（2）：1005-1031.

［50］ Bradley B A. A ground motion selection algorithm based on the generalized conditional intensity measure approach ［J］. Soil Dynamics and Earthquake Engineering，2012，40（4）：48-61.

［51］ Bazzuro P. Vector-valued probabilistic seismic hazard analysis（VPSHA）［C］. Proceedings of the 7th US National Conference on Earthquake Engineering，Boston，MA，July 21-25，2002.

［52］ Gülerce Z，Abrahamson N A. Vector-valued probabilistic seismic hazard assessment for the effects of vertical ground motions on the seismic response of highway bridges ［J］. Earthquake Spectra，2010，26（4）：999-1016.

［53］ Wang X L，Lu D G. MCS-Based PSHA Procedure and Generation of Site-Specific Design Spectra for the Seismicity Characteristics of China ［J］. Bulletin of the Seismological Society of America，2018，108（5A）：2408-2421.

［54］ Rahimi H，Mahsuli M. Structural reliability approach to analysis of probabilistic seismic hazard and its sensitivities ［J］. Bulletin of Earthquake Engineering，2019，17（3）：1331-1359.

［55］ McGuire R K. Probabilistic seismic hazard analysis and design earthquakes：closing the loop ［J］. Bulletin of the Seismological Society of America，1995，85（5）：1275-1284.

［56］ Zhu R G，Lu D G，Yu X H，et al. Conditional mean spectrum of aftershocks ［J］. Bulletin of the Seismological Society of America，2017，107（4）：1940-1953.

［57］ Loth C. Multivariate ground motion intensity measure models，and implications for structural reliability assessment ［M］. Stanford University，2014.

［58］ Kishida T. Conditional mean spectra given a vector of spectral accelerations at multiple periods ［J］. Earthquake Spectra，2017，33（2）：469-479.

［59］ Kwong N S，Chopra A K. A generalized conditional mean spectrum and its application for intensity-based assessments of seismic demands ［J］. Earthquake Spectra，2017，33（1）：123-143.

[60] Kohrangi M, Bazzurro P, Vamvatsikos D. conditional spectrum based record selection for nonlinear dynamic analysis of 3d structural models [C]. Proceedings of 16th European Conference on Earthquake Engineering (ECEE).2018.

[61] Nievas C, Sullivan T. A multidirectional conditional spectrum [J]. Earthquake Engineering & Structural Dynamics, 2018, 47 (4): 945-965.

[62] Kale Ö, Akkar S. A new formulation for a code-based vertical design spectrum [J]. Earthquake Engineering & Structural Dynamics, 2020, 49 (10): 963-980.

[63] Çağnan Z, Akkar S, Kale Ö, et al. A model for predicting vertical component peak ground acceleration (PGA), peak ground velocity (PGV), and 5% damped pseudospectral acceleration (PSA) for Europe and the Middle East [J]. Bulletin of Earthquake Engineering, 2017, 15 (12): 2617-2643.

[64] Katsanos E I, Sextos A G, Manolis G D. Selection of earthquake ground motion records: A state-of-the-art review from a structural engineering perspective [J]. Soil Dynamics and Earthquake Engineering, 2010, 30 (4): 157-169.

[65] Haselton C B, WhittakerA S, Hortacsu A, et al. Selecting and scaling earthquake ground motions for performing response-history analyses [C]. Proceedings of the 15th world conference on earthquake engineering. Oakland, CA, USA: Earthquake Engineering Research Institute, 2012: 4207-4217.

[66] Lin T, Haselton C B, Baker J W. Conditional spectrum-based ground motion selection. Part I: hazard consistency for risk-based assessments [J]. Earthquake Engineering & Structural Dynamics, 2013, 42 (12): 1847-1865.

[67] Lin T, Haselton C B, Baker J W. Conditional spectrum-based ground motion selection. Part II: intensity-based assessments and evaluation of alternative target spectra [J]. Earthquake Engineering & Structural Dynamics, 2013, 42 (12): 1867-1884.

[68] Jayaram N, Lin T, Baker J W. A computationally efficient ground-motion selection algorithm for matching a target response spectrum mean and variance [J]. Earthquake Spectra, 2011, 27 (3): 797-815.

[69] Baker J W, Lee C. An improved algorithm for selecting ground motions to match a conditional spectrum [J]. Journal of Earthquake Engineering, 2018, 22 (4): 708-723.

[70] 李琳, 温瑞智, 周宝峰, 等. 基于条件均值反应谱的特大地震强震记录的选取及调整方法 [J]. 地震学报, 2013, 35 (3): 380-389.

[71] Moschen L, Medina R A, Adam C. A ground motion record selection approach based on multiobjective optimization [J]. Journal of Earthquake Engineering, 2019, 23 (4): 669-687.

[72] Gremer N, Adam C, Medina R A, et al. Vertical peak floor accelerations of elastic moment-resisting steel frames [J]. Bulletin of Earthquake Engineering, 2019, 17 (6): 3233-3254.

[73] 王晓磊, 吕大刚, 阎卫东. 考虑竖向地震动影响的某核电安全壳地震易损性研究 [J].

原子能科学技术，2022，56（6）：1060-1068.

[74] Kohrangi M，Bakalis K，Triantafyllou G，et al. Hazard consistent record selection procedures accounting for horizontal and vertical components of the ground motion：Application to liquid storage tanks [J]. Earthquake Engineering & Structural Dynamics，2023，52 (4)：1232-1251.

[75] Archuleta R J，Steidl J，Squibb M. The COSMOS Virtual Data Center：A web portal for strong motion data dissemination [J]. Seismological Research Letters，2006，77（6）：651-658.

[76] Kinoshita S. Kyoshin net (K-net) [J]. Seismological Research Letters，1998，69（4）：309-332.

[77] Ambraseys N，Smit P，Douglas J，et al. Internetsite for European strong-motion data [J]. Bollettino di geofisica teorica ed applicata，2004，45（3）：113-129.

[78] The 2003 NEHRP Recommended Provisions for Seismic Regulations for New Buildings and Other Structures：Part I（Provisions）and Part II（Commentary）[S]. FEMA 450，Washington，D. C.：Federal Emergency Management Agency，2004.

[79] Campbell K W，Bozorgnia Y. NGA-West2 ground motion model for the average horizontal components of PGA，PGV，and 5% damped linear acceleration response spectra [J]. Earthquake Spectra，2014，30（3）：1087-1115.

[80] Riddell R. On ground motion intensity indices [J]. Earthquake Spectra，2007，23（1）：147-173.

[81] Von Thun J L，Roehm L H，Scott G A，et al. Earthquake ground motions for design and analysis of dams [J]. Earthquake Engineering and Soil Dynamics II-Recent Advances in Ground-Motion Evaluation，Geotechnical Special Publication，1988，20：463-481.

[82] Housner G W. Spectrum intensities of strong-motion earthquakes [J]. 1952.

[83] Nau J M，Hall W J. Scaling methods for earthquake response spectra [J]. Journal of Structural Engineering，1984，110（7）：1533-1548.

[84] Bradley B A，Dhakal R P，MacRae G A，et al. Prediction of spatially distributed seismic demands in specific structures：Ground motion and structural response [J]. Earthquake Engineering & Structural Dynamics，2010，39（5）：501-520.

[85] Elenas A. Correlation between seismic acceleration measures and overall structural damage indices of buildings [J]. Soil Dynamics and Earthquake Engineering，2000，20（1-4）：93-100.

[86] Andreadis I，Tsiftzis I，Elenas A. Intelligent seismic acceleration signal processing for damage classification in buildings [J]. IEEE Transactions on Instrumentation and Measurement，2007，56（5）：1555-1564.

[87] Applied Technology Council，Structural Engineers Association of California. Tentative Provisions for the Development of Seismic Regulations for Buildings：A Cooperative Effort

with the Design Professions, Building Code Interests, and the Research Community [M]. US Department of Commerce, National Bureau of Standards, 1978.

[88] Tarbali K, Bradley B A. Ground motion selection for scenario ruptures using the generalised conditional intensity measure (GCIM) method [J]. Earthquake Engineering & Structural Dynamics, 2015, 44 (10): 1601-1621.

[89] Cabanas L, Benito B, Herráiz M. An approach to the measurement of the potential structural damage of earthquake ground motions [J]. Earthquake Engineering & Structural Dynamics, 1997, 26 (1): 79-92.

[90] Mackie K, Stojadinović B. Probabilistic seismic demand model for California highway bridges [J]. Journal of Bridge Engineering, 2001, 6 (6): 468-481.

[91] Jibson R W. Regression models for estimating coseismic landslide displacement [J]. Engineering Geology, 2007, 91 (2-4): 209-218.

[92] Kayen R E, Mitchell J K. Assessment of liquefaction potential during earthquakes by Arias intensity [J]. Journal of Geotechnical and Geoenvironmental Engineering, 1997, 123 (12): 1162-1174.

[93] Kramer S L, Mitchell R A. Ground motion intensity measures for liquefaction hazard evaluation [J]. Earthquake Spectra, 2006, 22 (2): 413-438.

[94] Kempton J J, Stewart J P. Prediction equations for significant duration of earthquake ground motions considering site and near-source effects [J]. Earthquake Spectra, 2006, 22 (4): 985-1013.

[95] Bommer J J, Martínez-Pereira A. The effective duration of earthquake strong motion [J]. Journal of Earthquake Engineering, 1999, 3 (2): 127-172.

[96] Bommer J J, Stafford P J, Alarcón J E. Empirical equations for the prediction of the significant, bracketed, and uniform duration of earthquake ground motion [J]. Bulletin of the Seismological Society of America, 2009, 99 (6): 3217-3233.

[97] Boore D M, Watson-Lamprey J, Abrahamson N A. Orientation-independent measures of ground motion [J]. Bulletin of the Seismological Society of America, 2006, 96 (4A): 1502-1511.

[98] Boore D M. Orientation-independent, nongeometric-mean measures of seismic intensity from two horizontal components of motion [J]. Bulletin of the Seismological Society of America, 2010, 100 (4): 1830-1835.

[99] Bradley B A. Site-specific and spatially distributed ground-motion prediction of acceleration spectrum intensity [J]. Bulletin of the Seismological Society of America, 2010, 100 (2): 792-801.

[100] Bradley B A. Empirical equations for the prediction of displacement spectrum intensity and its correlation with other intensity measures [J]. Soil Dynamics and Earthquake Engineering, 2011, 31 (8): 1182-1191.

[101] Bradley, B A, Cubrinovski M, MacRae G A, et al. Ground motion prediction equation

for spectrum intensity from spectral acceleration relationships [J]. Bulletin of the Seismological Society of America, 2009, 99 (1): 277-285.

[102] Campbell K W, Bozorgnia Y. Ground motion models for the horizontal components of Arias intensity (AI) and cumulative absolute velocity (CAV) using the NGA-West2 database [J]. Earthquake Spectra, 2019, 35 (3): 1289-1310.

[103] Campbell K W, Bozorgnia Y. A ground motion prediction equation for the horizontal component of cumulative absolute velocity (CAV) based on the PEER-NGA strong motion database [J]. Earthquake Spectra, 2010, 26 (3): 635-650.

[104] Campbell K W, Bozorgnia Y. A comparison of ground motion prediction equations for Arias intensity and cumulative absolute velocity developed using a consistent database and functional form [J]. Earthquake Spectra, 2012, 28 (3): 931-941.

[105] Afshari K, Stewart J P. Physically measureized prediction equations for significant duration in active crustal regions [J]. Earthquake Spectra, 2016, 32 (4): 2057-2081.

[106] Goda K, Atkinson G M. Probabilistic characterization of spatially correlated response spectra for earthquakes in Japan [J]. Bulletin of the Seismological Society of America, 2009, 99 (5): 3003-3020.

[107] Alfredo H S A, Wilson H. Probability concepts in engineering planning anddesign [J]. John wiley & Sons, 1975.

[108] Fisher R A. Frequency distribution of the values of the correlation coefficient in samples from an indefinitely largepopulation [J]. Biometrika, 1915, 10 (4): 507-521.

[109] Bozorgnia Y, Campbell K W. Vertical ground motion model for PGA, PGV, and linear response spectra using the NGA-West2 database [J]. Earthquake Spectra, 2016, 32 (2): 979-1004.

[110] Johnson R A, Wichern D W. Applied multivariate statistical analysis [J]. 2002.

[111] Frankel A D, Mueller C, Barnhard T, et al. National seismic-hazard maps: documentation June 1996 [M]. Reston, VA: US Geological Survey, 1996.

[112] Field E H, Jordan T H, Cornell C A. OpenSHA: A developing community-modeling environment for seismic hazard analysis [J]. Seismological Research Letters, 2003, 74 (4): 406-419.

[113] Baker J W, Allin Cornell C. Spectral shape, epsilon and record selection [J]. Earthquake Engineering & Structural Dynamics, 2006, 35 (9): 1077-1095.

[114] Atik L A, Abrahamson N, Bommer J J, et al. The variability of ground-motion prediction models and its components [J]. Seismological Research Letters, 2010, 81 (5): 794-801.

[115] Johnson R W. An introduction to the bootstrap [J]. Teaching Statistics, 2001, 23 (2): 49-54.

[116] Mardia K V. Measures of multivariate skewness and kurtosis with applications [J]. Biometrika, 1970, 57 (3): 519-530.

［117］ Martin N，Maes H. Multivariate analysis［J］. Springer Nature，1979，12（2）：79-40922.

［118］ 霍俊荣. 近场强地面运动衰减规律的研究［D］. 哈尔滨：中国地震局工程力学研究所，1989.